Meine Garten—apotheke

GABRIELE BICKEL

Meine Garten-apotheke

GESUND LEBEN MIT GEMÜSE, OBST UND KRÄUTERN AUS DEM EIGENEN GARTEN

Anbauen, ernten und wohlfühlen

KOSMOS

Inhalt

FOR YOU

ANBAUPRAXIS

— *Wichtige Grundlagen*

DER HEILENDE GARTEN

In den vergangenen Jahrhunderten war es besonders wichtig, den Garten auch als Apotheke zu nutzen. Heute haben wir im Bereich von denaturiertem Obst und Gemüse sowie quantitativem Fleischgenuss oft wieder ähnliche Probleme wertvolle Nahrungsmittel zu bekommen.

Einen eigenen Garten anzulegen und zu bewirtschaften bedeutet heutzutage für viele Menschen eine enge Verbindung mit der Natur sowie die Ernte von gesundem Obst und Gemüse. Bei der Zubereitung von Speisen werden die Früchte zu kostbaren Gartenschätzen, die mit Kräutern wohltuend verfeinert werden können.
Wir benötigen dazu lediglich ein Stückchen Land, einigermaßen fruchtbaren Boden, Wasser, viel Muskelkraft und ganz wichtig: Geduld! Mit Hilfe eines in diesem Sinne angelegten Heilgartens ist es möglich, vorbeugend seine Gesundheit zu erhalten oder eventuell sogar wiederherzustellen.

STANDORTFRAGEN

Die Standortfrage für einen Garten stellt sich häufig nicht mehr, da man ihn sich meistens nicht mehr aussuchen kann – die Welt ist verteilt. Daher suchen wir auf der uns zur Verfügung stehenden Fläche die bestmöglichen Bedingungen zum Anbau gesunder Früchte und Kräuter. Zu diesen Bedingungen gehören ein guter Boden (kann man auch nach und nach schaffen), möglichst wenig Schatten, Windschutz, z. B. durch eine Hecke, eine Wasserstelle sowie ausreichend Platz für eine heilwirksame Pflanzenvielfalt.

Im Garten sollte man immer ein Erntekörbchen dabeihaben.

EINEN GARTENPLAN ERSTELLEN

Ein Gartenplan ist unerlässlich, da wir mit Sinn und Verstand unseren Garten bearbeiten, pflegen und beernten möchten. Hierbei müssen wir jedoch nicht strikt mit Zirkel, Maßstab und Flächenertragsberechnungen vorgehen.

Ein Garten hat stets seine eigenen Regeln, aber ein roter Faden macht es einfacher, mit diesem Naturgesetz umgehen zu können. Zur Planung gehören sowohl die Anzahl wie auch die Bepflanzung der Beete und der Verlauf der Wege. Diese Planung hat sehr viel mit den eigenen Vorstellungen, Vorlieben und dem persönlichen Lebensstil zu tun. Es ist durchaus wichtig, zu wissen, was an Gartenarbeit überhaupt möglich ist. Habe ich jeden Tag Zeit oder nur am Wochenende? Wie groß ist die Personenzahl/Familie, die in den Genuss der Gartenarznei kommen soll?
Grundsätzlich sollte die Erschließung des Gartens so einfach wie möglich gehalten werden. Pflanzen für den täglichen Bedarf, wie z. B. Gemüse und Kräuter, werden daher nicht in der hintersten Gartenecke angebaut, sondern möglichst am Anfang des Gartens oder zumindest im Vordergrund gepflanzt. Beerensträucher und Obstbäume, deren Früchte gemächlich und nach und nach reifen, dürfen gerne in den Hintergrund treten. Mischbeete aus Blumen, Gemüse, Salat und Kräutern sehen nicht nur gut aus, sondern machen auch Sinn, was die Platzverteilung – und nicht zu vergessen – die Bestäubung betrifft. Auch so mancher Nützling fühlt sich hier wohler und hilft bei der Schädlingsbekämpfung. Man sollte daher bedenken: Ohne Schädlinge haben auch Nützlinge nichts zu

Für eine gute Übersicht im Gemüsebeet

Kräuterthemenbeet, u. a. mit Salbei und Thymian

Üppig bepflanzte Kräuter- und Gemüsebeete in ihrer ganzen Pracht, Farbe und Struktur

fressen – wie sollen sie dann überleben? Manchmal muss man eben ein bisschen wegsehen, denn die Natur weiß sich normalerweise selbst zu helfen.
Ein wichtiger Aspekt bei der Gartenplanung ist auch das eigene Zeitmanagement. Wenn Sie zu den Menschen gehören, die einen Garten zwar schätzen, aber dessen tägliche Pflege – und dazu gehört übrigens auch die Ernte – sich einfach nicht leisten können, so würde ich Ihnen unbedingt einen Kräutergarten empfehlen. Ich sage immer, ein Kräutergarten ist etwas für Genießer und Faulenzer, denn Sie können ihn auch einfach mal sich selbst überlassen. Im Gegenteil, er freut sich darüber und belohnt Ihr Nichtstun mit intensivem Duft, Aroma und Geschmack, denn Kräuter sind magere Kost gewohnt. Dort, wo sie ursprünglich herkommen, von Feld, Wald und Wiese, wurden sie auch nicht gegossen, geschnitten und gedüngt – sie wurden höchstens von den Tieren abgefressen. Wir können daher unseren wohlverdienten Sommerurlaub antreten und nach unserer Rückkehr die Kräuter duftend und voll erblüht im eigenen Garten ernten.

THEMENBEETE

Einen interessanten Ansatz bieten sogenannte Themenbeete zu verschiedenen möglichen Krankheitsbildern, die es zu verhindern gilt. In alten Apothekergärten waren es Kräuterbeete, die unter diesem Aspekt angelegt wurden. Wir können diese durchaus mit Obst und Gemüse erweitern, sodass z. B. eine bunte Mischung für ein Verdauungsbeet entsteht. Dazu gehören: Ringelblumen, Bohnenkraut, Wermut, Kümmel, Basilikum u. a., aber auch Kartoffeln, Kürbis, Sellerie, Karotten, Pastinaken und Salate, im Hintergrund steht ein Apfelbäumchen.
Eine weitere Idee für ein Themenbeet wäre eine Bepflanzung nach Inhaltsstoffen, wie z. B. Bitterstoffe, Senfölglykoside, Saponine, Schleimstoffe oder Flavonoide. Bei den jeweiligen Pflanzenmonografien ab Seite 32 sind die wichtigsten Inhaltsstoffe genau vermerkt. Dabei werden Sie feststellen, dass solch eine Anlage nicht kompliziert ist und viele Pflanzen mit den erwähnten Inhaltsstoffen zu den „alten Bekannten" gehören.

GARTENPFLEGE

Dazu gehören die Bodenbearbeitung und die Bodenverbesserung durch Kompost sowie die Bewässerung und die Stärkung der Pflanzen, um Schädlingen und Krankheiten vorzubeugen.

Zunächst müssen wir in den meisten Fällen den Boden bepflanzbar machen, denn häufig finden wir lediglich ein von Gras und Unkräutern überwuchertes Stück Land vor. Man könnte natürlich alles umgraben, mühselig alle Wurzeln herausziehen (und doch nicht alle erwischen!), den Boden tiefgründig mit viel Rückenbeschwerden und Schweiß auflockern, vielleicht bereits vorhandenen Kompost einarbeiten, Beete einteilen und bepflanzen. Nur um dann einige Wochen später festzustellen, dass eben jenes Stück Land wieder von unzähligen Wildbegleitkräutern übersät ist. Und das im wahrsten Sinne des Wortes! Es ist unmöglich, bei der Urbarmachung die vielen bereits ausgefallenen Samen zu erkennen, da diese manchmal winzig klein sind. Diese Samen haben sich sehr über unser Tun gefreut, sind flugs gekeimt und erfreuen uns nun stolz mit einer reichen Pflanzenpracht. Ich muss natürlich einräumen, dass auch dieses Ärgernis durchaus eine positive Seite haben kann: Viele Wildkräuter sind auch als Heilkräuter zu verwenden und zu genießen, aber das war ja letztlich nicht Sinn und Zweck der Übung!

Daher einfach den Boden mindestens ein halbes Jahr mit schwarzen, wasserundurchlässigen Planen abdecken, das raubt so ziemlich allem die Keim- und Wachstumslust. Der so entstandene Boden wird anschließend mit vorgetriebenen Kartoffeln bepflanzt, um den verdichteten Boden zu lockern und unseren ersten Ernteerfolg zu gewährleisten – auch die Kartoffel gehört bereits zu unseren Heilgartenpflanzen. Nach dieser Geduldsprobe ist unser Garten nun bereit, um als solcher behandelt zu werden. Mit dieser Methode kommen wir zwar etwas langsamer, aber wesentlich effektiver ans Ziel. Außerdem lernen wir dabei, dass der alte Spruch „Eile mit Weile" nach wie vor Sinn macht.

BODENANSPRÜCHE

Als Nächstes sollten wir uns Gedanken darüber machen, welche Bodenbeschaffenheit wir wo benötigen. Heilkräuter bevorzugen eine vollsonnige Lage und eher mageren Boden, Heilgemüse und -obst benötigen neben einem sonnigen Standort vor allen Dingen einen nahrhaften Boden und

Brennnessel-, Ackerschachtelhalm- und Beinwelljauche

Eigene Nahrung für die Pflanzen mit Kompost herstellen.

Tröpfchenbewässerungen sind ideal auch für Neuanlagen.

☞ BRÜHEN & JAUCHEN

PFLANZENTEILE	ANSATZ	VERDÜNNUNG	ANWENDUNG	EINSATZBEREICH
Baldrianblüten; frisch	Blüten auspressen, Presssaft direkt verwenden	1 Tropfen/l Wasser	spritzen im Frühjahr	Frostschutz, fördert Blüten- und Fruchtbildung
Beinwellkraut	1 kg frisch oder 150 g getrocknet/ 10 l Wasser	100ml/l Wasser	spritzen oder gießen, alle zwei Wochen	Kaliumdüngung, allgemein pflanzenstärkend
Brennnesselkraut; frisch	1 kg/10 l Wasser, 12–14 Stunden ziehen lassen, nicht kochen!	unverdünnt	spritzen bei Befall	Blattläuse
Brennnesselkraut	1 kg frisch oder 200 g getrocknet/ 10 l Wasser	unverdünnt oder 1:10	gießen, alle zwei Wochen	Kompost, Wachstums-förderung, Saat, Setzlinge
Farnkraut (Wurm-farn, Adlerfarn)	1 kg frisch oder 100 g getrocknet; 10 l Wasser	unverdünnt 100 ml/ Wasser un-verdünnt	spritzen im Spätwinter, ganzjährig bei Bedarf	Blattläuse, Schnecken, Kompost, Kaliumdüngung
Schachtelhalm; Kraut	1 kg frisch oder 150 g getrocknet/ 10 l Wasser	150 ml/l Wasser	spritzen, wöchentlich ab Austrieb	Pilzkrankheiten
Schwarzer Holun-der; frische Blüten und Blätter	1 kg/10 l Wasser, 12–24 Stunden ziehen lassen, nicht kochen	150 ml/l Wasser	spritzen bei Befall	Erdraupen, Kohlweißling
Wermut; Kraut	300 g frisch oder 30 g getrocknet/ 10 l Wasser	unverdünnt	spritzen zur Flugzeit der Schädlinge	Apfelwickler, Kohlweißling

Feuchtigkeit. Diese Anforderungen können wir mit Hilfe von Kompostgaben und einer ausreichenden Bewässerung erfüllen, ideal wäre eine Tröpfchenbewässerung. In einem Obst- und Gemüsegarten ist zudem das Ausbringen von Mulchmaterial (Rasenschnitt, Stroh, klein geschnittene pflanzliche Küchenabfälle) sinnvoll, weil wir dann weniger gießen müssen und der Boden durch das verrottende organische Material gleichzeitig gedüngt wird. Kräuterbeete sollten jedoch so gut wie nie gedüngt werden, damit sie nicht ins Kraut schießen und dadurch das Aroma sowie die Inhaltsstoffe darunter leiden. Eine einmalige Kompostgabe im Frühjahr reicht aus.

PFLANZEN STÄRKEN

Dass wir in einem Heilgarten auf den Einsatz von Pestiziden verzichten ist selbstverständlich. Doch können auch hier Läuse, Raupen, Fraßkäfer, Schnecken und Pilzsporen ihre pflanzenschädigenden Spuren hinterlassen. Dem können wir mit Schmierseifenlösung, Jauchen zur Pflanzenstärkung, aber auch rein händischen Methoden wie Absammeln und Abspritzen mit einem scharfen Wasserstrahl entgegenwirken. Es gibt zudem eine Vielzahl von nützlichen Tieren, wie Marienkäfer, Flohfliegen, Schnecken, Igel usw., die uns dabei tatkräftig zur Seite stehen.

ERNTEN UND HALTBAR MACHEN

Nachdem wir unseren Garten angelegt und ihn gegen Unkräuter, Krankheiten und Schädlingsbefall bestmöglich geschützt haben, stehen wir eines Tages stolz zwischen den Beeten, um die Früchte unserer Arbeit, die Ernte, einzubringen.

Hier ist etwas Zeitmanagement gefragt. Was kommt zuerst und was zum Schluss dran, welches sind die schnell verderblichen Früchte oder Gemüsesorten? Wir überlegen uns also: Was kann ich am schnellsten verarbeiten, z. B. frisch verzehren oder für den Wintervorrat trocknen, einfrieren, einlegen sowie einkochen und wie viel Platz und Zeit sind dafür notwendig. Manche Salate und Gemüse können bis spät im Jahr draußen auf dem Beet bleiben, bei Kulturobst ist das bis auf wenige Ausnahmen nicht der Fall.

Eine weitere Überlegung wäre: Wie und was ernte ich? Zu einer richtigen Ernte gehören Utensilien wie Schere/Messer, Körbe usw., aber auch das Wissen, was zu ernten ist. Einfach ausgedrückt könnte man sagen, alles was reif ist. Da gehört jedoch auch etwas Erfahrung dazu. Aber keine Angst, das lernt man. Meistens durch Erfolge oder

☞ HALTBAR MACHEN

Einkochen	Dabei werden Gemüse oder Obst in Gläser eingelegt, mit Saft oder Sud aufgefüllt und im Backofen eingekocht. Durch das anschließende Abkühlen entsteht im Glas ein Vakuum, sodass sich keine Bakterien vermehren können und das Einkochgut dadurch lange haltbar ist.
Entsaften	Überwiegend für Obst geeignet. Dazu benötigen wir einen speziellen Entsafter und sterile Flaschen (ausgekocht!), in die der entstehende Saft abgefüllt wird. Die Haltbarkeit beträgt ca. ein Jahr.
Einfrieren	Das Gefriergut, z. B. Obst, Gemüse, Kräuter, wird in Spezialbeuteln schockgefrostet. Diese Methode eignet sich besonders bei hohem „Ernteaufkommen".
In Öl einlegen	Diese Methode eignet sich besonders für getrocknete Kräuter oder auch Tomaten, da diese sich besser mit Öl vollsaugen können und dadurch konserviert werden. Hier müssen wir darauf achten, dass alle Pflanzenteile mit Öl bedeckt sind. Nach Anbruch der Flasche bitte abfiltrieren.
In Essig einlegen	Die Pflanzen (Gemüse, Kräuter) werden in einer Flasche mit Essig (mindestens 5 % Säure) eingelegt und können auch nach Anbruch darin verbleiben, da keine Schimmelgefahr besteht (im Gegensatz zu Öl).
In Alkohol einlegen	Überwiegend für Obst oder Kräuter. Dafür gibt man in eine Flasche (ca. die Hälfte des Volumens) Kräuter oder Obststückchen und füllt mit Alkohol (38 % Vol.) auf. Nach ca. 14 Tagen bis vier Wochen ist der Auszug fertig und kann löffel- oder tropfenweise (Tinktur) verwendet werden. Diese Verarbeitung eignet sich besonders für bitterstoffhaltige Pflanzen.

Kleine Obstbäume in den Heilgarten integrieren.

Für die Trocknung im Ofen eignen sich Aprikosen sehr gut.

Die geernteten, sortierten Kräuter werden flächig getrocknet.

Misserfolge. Obst und Gemüse wird am besten in Körben oder Kisten transportiert und bis zur Verarbeitung darin gelagert, denn Plastiktüten können zu Fäulnis führen.
Dass man mit den geernteten Schätzen sorgsam umgeht und sie nicht herumwirft oder quetscht, ist selbstverständlich. Auch, dass das Erntegut so bald wie möglich verbraucht oder konserviert wird, denn längere Liegezeiten gehen zu Lasten einer guten Qualität. Das Trocknen ist übrigens eine der effektivsten und unkompliziertesten Methoden des Haltbarmachens.

KRÄUTERERNTE

Bei der Kräuterernte gibt es einiges, was wir im Vorfeld bedenken müssen. Hier stellt sich vor allem die Frage, was muss ich überhaupt ernten: Blätter, Blüten, Wurzeln, Samen oder gar das ganze Kraut? Diese Angaben sind bei den Pflanzenbeschreibungen ab Seite 32 genau vermerkt.

Wichtig ist zudem die Erntezeit bzw. Tageszeit, denn davon hängt auch ab, ob die Wirkstoffe ausreichend vorhanden sind und die Trocknungszeit so gering wie möglich gehalten werden kann. Je länger Kräuter zum Trocknen brauchen, desto größer ist die Gefahr, dass sie zwischenzeitlich schimmeln oder so gut wie keine Inhaltsstoffe mehr besitzen.
Optimal ist eine Ernte zwischen 10 und 12 Uhr, wenn die Sonne (möglichst) am höchsten steht und der Tau verschwunden ist. Der Ernte sollten mindestens drei trockene Tage vorausgegangen sein, damit das Erntegut bereits so trocken wie möglich nach Hause gebracht wird.
Der Trockenraum für den Wintervorrat muss warm, schattig und zugfrei sein, denn nur unter solchen Bedingungen kann die Trocknung rasch vonstattengehen. Weitere Methoden der Haltbarmachung sind Einkochen, Entsaften, Einfrieren, in Öl oder Essig einlegen oder in besonderen Fällen das Ansetzen mit Alkohol in Form von Wein oder Schnaps.

ANWENDUNGEN

— *Wie Pflanzen wirken*

PFLANZEN WAHRNEHMEN

Pflanzen sind sehr vielseitig anwendbar. Der Verzehr von Pflanzen ist ein Urinstinkt und auch die direkteste und einfachste Art, sich mit Kraft zu versorgen. Jedoch würde es dem Gesamtwerk der Pflanze nicht gerecht werden, sie lediglich aus Appetit zu verspeisen.

Pflanzen können weit mehr als nur gut schmecken! Schon wenn man eine Pflanze nur zu dem Zweck isst, um gesund zu werden oder zu bleiben, ist das bereits ein erweiterter Aspekt der Anwendung. Zum Beispiel kann man aus Kürbis eine leckere Suppe gegen Hunger zubereiten und das Kürbismus bei Magenbeschwerden als Arznei zu sich nehmen. Aber auch die Kerne besitzen ihre eigene Heilkraft, besonders für die Männerwelt.

ZUGANGSFORMEN

Um eine Pflanze kennenzulernen, sollte man zuerst einmal ihren Namen wissen. In einer Zeit, in der sich so mancher unter einer Roten Bete gar nichts vorstellen kann, ist das schon eine ganze Menge wert. Um eine Pflanze überhaupt erst einmal zu erspüren, bereiten wir uns daraus einen wässrigen Auszug, d. h. 1 EL zerkleinerte Pflanze wird mit kochendem Wasser übergossen und nach fünf Minuten schluckweise probiert.
Als Nächstes, falls die Pflanze Ihnen schmeckt, können Sie sie als Suppe probieren, indem Sie die Pflanzenmasse kurz aufkochen und würzen. Ein weiteres Grundrezept wäre die Zubereitung als Gemüse oder Salat. Sie merken, die Rezepturen werden immer dichter und die Bekanntschaft mit der Pflanze auf diese Weise immer vertrauter. Die Bohne ist beispielsweise eine sehr vielseitige Frucht, es gibt die Möglichkeit, sie als Gemüse, Suppe oder Salat zu verspeisen. Das sind Grundrezepte, wie sie in jedem Basis-Kochbuch nachzulesen sind. Die Bohne hat jedoch auch Teequalität in Form von stoffwechselanregendem Bohnenschalentee. Und damit befinden wir uns schon auf einer ganz anderen Ebene der Anwendung. So viel zum Thema Gesamtkunstwerk.
Eine weitere Art der Wahrnehmung ist der äußerliche Zugang in Form von Duft und Aussehen. Die Aromatherapie basiert auf Düften und darauf, was diese in uns bewirken. Das Aussehen einer Pflanze kann im wahrsten Sinne des Wortes beglücken, wenn wir uns über wohlgedeihende Gewächse im Garten, über einen Blumenstrauß oder über die Stände auf dem Wochenmarkt mit ihren leckeren und farbenprächtigen Auslagen von Obst und Gemüse freuen.
Einige Gemüse und Kräuter wirken zudem als Umschlag oder in Form von Wickeln bei einer äußerlichen Anwendung. Ebenso Bäder, Cremes, Salben und die Inhalation gehören dazu. Egal, welche Anwendungsform wir auch wählen, wichtig ist das Wissen um die Inhaltsstoffe der Pflanzen, denn nur so können sie auch sinnvoll für die Gesundheit und zur Vorsorge verwendet werden.

Der erste Zugang zu Heilpflanzen in Form eines Teeaufgusses

INHALTSSTOFFE DER PFLANZEN

Damit wir unsere Gartenschätze in Form von Obst, Gemüse und Kräutern sinnvoll in unseren Ernährungsplan und für Anwendungen einplanen können, müssen wir wissen, wie und warum Pflanzen wirken. Das bedeutet, dass wir die verschiedenen Inhaltsstoffe kennen sollten.

Zu den Inhaltsstoffen, man kann auch den Begriff Wirkstoffe verwenden, gehören: ätherische Öle, Alkaloide, Bitterstoffe, Glykoside, Flavonoide, Salicin, Saponine, Senfölglykoside, Gerbstoffe und Schleime.

ÄTHERISCHE ÖLE

Sie gehören zu denjenigen Inhaltsstoffen, die wir unmittelbar und meistens schon von Weitem wahrnehmen. Wir müssen einfach unserer Nase nachgehen. Dabei merken wir sehr schnell, ob wir durch den wahrgenommenen Duft angenehme oder unangenehme Empfindungen verspüren, denn Düfte werden zum Limbischen System im Gehirn weitergeleitet, um dort Reaktionen auszulösen. Das ist eine überlebenswichtige Funktion unseres Organismus, um uns vor Schaden zu bewahren. Denken Sie dabei z. B. an Brandgeruch, verdorbene Speisen, Gifte, Chemikalien und andere abstoßende Gerüche wie Gülle oder Autoabgase. Aber auch die positive Seite der Duftwahrnehmung ist wichtig. Wir erriechen unsere Lebenspartner, entspannen uns mit duftenden Blüten wie Rosen und Lavendel, bekommen Appetit, wenn wir ein gutes Essen riechen und machen es uns im Winter mit Orangen-, Mandarinen- und Zimtduft gemütlich.

Die Aromatherapie arbeitet mit unserem Duftempfinden, um uns zu harmonisieren und dadurch in gewisser Weise auch zu heilen. Durch das Einatmen bestimmter Düfte werden unbewusste Steuermechanismen beeinflusst. Auf diese Art und Weise ist es möglich, bei einem aus dem Gleichgewicht geratenen Inneren, das zu einer Erkrankung geführt hat, durch den Geist der Pflanzen, wie die

☞ VITAMINE

Vitamin A	gut für Haut, Haare und Schleimhäute; unterstützt den Knochenaufbau, das Wachstum und fördert die Widerstandskraft sowie das Sehvermögen; kommt sowohl in Tieren als auch in Pflanzen nur als Vorstufe vor, die im menschlichen Körper zu Vitamin A umgebaut werden, beispielsweise Beta-Carotin (Provitamin A)
Vitamin B_1	unterstützt die Nierenfunktion sowie die Freisetzung von Energie aus Kohlenhydraten und die Nervenfunktion
Vitamin B_2	wichtig für Haut und Augen; Freisetzung von Energie aus Kohlenhydraten, Eiweiß und Fetten
Vitamin B_3	unterstützt das Nervensystem; sorgt für die Energieproduktion in Gewebe und Zellen; kommt in Pflanzen nur äußerst selten vor, der menschliche Körper gewinnt es aus tierischen Lebensmitteln
Vitamin B_5	spendet Energie; sorgt für Wachstum und Bildung von Abwehrstoffen und Hormonen
Vitamin B_6	stärkt die Widerstandskraft des Nervensystems, der Haut, der Muskeln und des Blutes
Vitamin C	gegen Infektionen; wichtig für die Eisenaufnahme aus Nahrungsmitteln; Begünstigung der Wundheilung; sorgt für Wachstum von Blutgefäßen, Zellen, Zahnfleisch, Knochen und Zähnen
Vitamin E	schützendes Antioxidans; unterstützt die Funktion von Herz, Blutkreislauf, Nerven, Muskeln, roten Blutkörperchen; ein wichtiger Radikalfänger
Vitamin K	unterstützt die Blutgerinnung

ätherischen Öle auch genannt werden, die Selbstheilungskräfte zu aktivieren. Wir können uns die Wirkung der ätherischen Öle auch durch den innerlichen Gebrauch zunutze machen.
Den Pflanzen selbst dient ihr ganz spezifischer Duftcocktail dazu, Insekten zur Bestäubung anzulocken, Schädlinge fernzuhalten (Fraßschutz!) oder gegen Krankheiten zu schützen (keimwidrig und desinfizierend); die desinfizierende und antiseptische Wirkung der Zwiebelgewächse beispielsweise war bereits im alten Ägypten bekannt.
Die wichtigsten Wirkungen der ätherischen Öle sind: auswurffördernd, beruhigend, entzündungshemmend, keimwidrig, antiviral, durchblutungsfördernd und wärmend durch Hautreizung, harntreibend, blähungswidrig sowie krampflösend.
Diese Heilwirkungen können durch Mund, Nase ober über die Haut in unseren Organismus gelangen. Ich werde bei der Vorstellung der einzelnen Pflanzen ab Seite 32 spezifisch darauf eingehen.

ALKALOIDE

Schon der Begriff Alkaloide klingt etwas giftig – und das sind sie meistens auch. Diese Stoffe kommen in Tollkirsche, Bilsenkraut, Schlaf-Mohn sowie Stechapfel vor und sind Zutaten für sehr wirksame Heilmittel bei vielen Erkrankungen. Die Dosierung spielt eine (über)lebenswichtige Rolle! Die meisten Alkaloide schmecken sehr bitter, denn auch sie dienen der Pflanze als Fraßschutz. Eine Ausnahme bilden die giftigen Tollkirschen, sie können auch scharf und brennend schmecken, ebenso wie das Capsaicin von Chilis oder das Nikotin des Tabaks.
Alle Nachtschattengewächse wie Kartoffel, Tomate, Paprika, Bohnen und der Teestrauch gehören zu diesen Giftpflanzen.

BITTERSTOFFE

Bitterstoffe haben wir bitter nötig! Vielleicht erinnern Sie sich an das Gefühl im Bauch nach einem (hoffentlich!) bitteren Aperitif. Oder der Erleichterung nach einem Bittergetränk, wenn wir unserem Magen bzw. unserer Galle zu viel zugemutet

Tollkirschen beinhalten Alkaloide.

Giftige Stechapfelblüten (Alkaloide)

haben. Dieser Erleichterung kann durchaus ein eiliger Gang auf die Toilette vorausgegangen sein. Bitterstoffe sind häufig Bestandteile sogenannter Lebenselixiere, man sagt auch Tonika oder Theriak dazu, die seit Jahrhunderten als Kräftigungsmittel oder geistige Bitterwässer im Einsatz sind. Nach einem Magenbitter verbreitet sich sehr schnell ein wohliges Gefühl im ganzen Körper, besonders im Winter spüren wir die wärmende Wirkung – und das liegt nicht nur am Alkohol, ein wässriger Auszug in Form eines Bittertees funktioniert genauso. Bitterstoffe werden noch in hoher Verdünnung wahrgenommen und lassen sich nicht durch süß oder salzig entschärfen, aber sie können zumindest mit anderen Aromen wie z. B. ätherischen Ölen und Alkohol süffiger gemacht werden.

Voller Bitterstoffe: das Tausendgüldenkraut

Samenstände vom Schlaf-Mohn (Alkaloide)

Das Bitterste, was das Pflanzenreich bietet, sind Enzian, Wermut, Tausendgüldenkraut und Weinraute. Kinder reagieren schon auf niedrige Dosen Bitterstoff in den Speisen mit Ablehnung. Ein Verhalten, das respektiert werden sollte, denn ihre Geschmacksknospen sind noch wesentlich empfindlicher als die eines Erwachsenen.

Die Wirkung von Bitterstoffen ist von größter Bedeutung für unseren gesamten Verdauungstrakt. Magen und Darm, Leber, Galle und Bauchspeicheldrüse, aber auch das Immunsystem und die Blutbildung profitieren von der Zufuhr von Bitterstoffen. Das Herz wird gestärkt und der Gesamtstoffwechsel angeregt, sodass auch Schwächezustände, Antriebslosigkeit, Konzentrationsschwierigkeiten und Stimmungsschwankungen im positiven Sinn beeinflusst werden können. Bitterstoffe sind Mutmacher und stärken die Willenskraft, die wir auch dringend brauchen, wenn die appetitanregende Wirkung allzu sehr Oberhand gewinnt.

GLYKOSIDE

Hierbei handelt es sich um pflanzliche Zuckerspeicher für die Nacht. Aus chemischer Sicht gibt es verschiedene Glykosidegruppen, je nachdem, wie der Molekülaufbau angeordnet ist. Unter den Glykosiden gibt es, ähnlich wie bei den Alkaloiden, gute und böse. Wobei auch die bösen bei richtiger Dosierung gut sein können – und bei den guten es auch mal des Guten zu viel sein kann. Zu den guten Glykosiden gehören z. B. die Anthocyanglykoside. Hinter diesem Namen verbergen sich schlicht und ergreifend natürliche Farbstoffe, wie wir sie von der Heidelbeere, dem Holunder, der Roten Bete, der Schwarzen Johannisbeere, aber auch vom Rotwein kennen (besonders beim Wäschewaschen!). Sie gelten als Zell- und Leberschutzmittel und werden für die Krebsprophylaxe empfohlen.

CUMARINGLYKOSIDE

Die Cumaringlykoside erfreuen uns durch einen angenehmen Duft nach Heu oder Waldmeister, sie geben sich aber erst nach dem Trocknen als solche zu erkennen. Cumarin wirkt blutgerinnungshemmend, es wird synthetisch hergestellt und zur Thrombose-, Embolie- und Herzinfarktprophylaxe angewendet. Man verwendet diesen Wirk-Aroma-Stoff gerne zum Verfeinern von Süßspeisen und Bowlen in Form von Tonkabohnen und Waldmeister. Honigklee (oder auch Steinklee) wirkt wie die anderen Cumarinpflanzen gefäßentkrampfend, ödemhemmend, entzündungshemmend und lymphabflussfördernd. Also ideal bei Venenproblemen und Durchblutungsstörungen. Das gelingt jedoch nicht mit Hilfe von Bowle oder Süßspeisen, sondern nur mit therapeutisch eingestellten Präparaten oder Umschlägen.
Bei der beliebten Waldmeisterbowle sollte bedacht werden, dass viel nicht immer gut ist! Eine Überdosierung kann zu Benommenheit, Übelkeit, Kopfschmerz, Erbrechen und im Extremfall zu Atemstillstand führen. Und das liegt dann nicht am Alkohol! Eine verträgliche Dosierung ist: 3 g Waldmeister auf 1 l Flüssigkeit pro Tag!

FLAVONOIDE

Meine Lieblingsglykoside sind die Flavonoidglykoside! Das sind u. a. gelblich-orangefarbene Farbstoffe, die wir in vielen pflanzlichen Lebensmitteln finden. Insbesondere im Herbst auf den Bäumen in Form von gelben Blättern – der grüne Farbstoff Chlorophyll hat sich dann im wahrsten Sinne des Wortes zurückgezogen. Flavonoide haben die Aufgabe, Pflanzen vor UV-Licht zu schützen und ihre Gefäße (Kapillaren) abzudichten. In unserem Organismus übernehmen sie die gleiche Funktion und werden als Anti-Aging-Prophylaxe oder Detoxing bezeichnet.
Flavonoidhaltige Pflanzen werden auch zur Verschönerung von Teemischungen verwendet, da sie

Sanddornfrüchte beinhalten wertvolle Flavonoide.

Das Hypericin des Johanniskrautes färbt rot.

In grünen Tomaten befindet sich Solanin.

hitzestabil sind und nicht totgekocht werden können. Die antioxidative Wirkung schätzt man ebenso bei der Konservierung von Säften, Früchten und Fetten (z. B. Margarine). Obst und Gemüse aus unserem Freilandheilgarten enthält übrigens ein Vielfaches mehr an sekundären Pflanzenstoffen, den sogenannten Polyphenolen (zu ihnen gehören die Flavonoide), als Gewächshausware. Ich finde, das ist eine sehr gute Begründung und Belohnung für die Mühen des Selbstanbaus. Bekannte Vertreter aus dem Pflanzenreich sind: Brokkoli, Grünkohl, Zwiebeln, Tomaten (als Saft), Orangen, Äpfel, Kamille, Ringelblume, Artischocke, Stiefmütterchen, Johanniskraut, Sanddorn u. a. Die Flavoniode sollen gefäßabdichtend, herzbelebend, antioxidativ, entzündungshemmend, zellschützend, diuretisch, schweißtreibend und vor allem ernährungsphysiologisch zur Vorbeugung gegen koronare Herzerkrankungen sowie Krebs wirken.

Senfölglykoside befinden sich in Rettichharten.

SENFÖLGLYKOSIDE

Ganz angenehm, wenn auch scharf sind die Senfölglykoside. Sie können sich bestimmt denken, welche Pflanzen als unverkennbare Kandidaten zu nennen sind. Die harmlosesten Vertreter sind sämtliche Kohlarten, Kohlrabi, die Kressearten, zu denen auch Radieschen gehören, Steckrüben, Rettich u. a. Beißender wird es dann mit allen Zwiebelarten, Senf und vor allem Meerrettich! Doch ihre Heilwirkung sollte man nicht unterschätzen, selbst wenn es uns dabei „zum Heulen" ist. Senfglykoside wirken antibiotisch, z. T. sogar als Breitspektrum-Antibiotikum, die Sekretion und Motorik im Verdauungssystem werden gesteigert (auch der Appetit!). Neueren Studien zufolge besteht auch eine stark antikarzinogene Wirkung. Eine Präventivmaßnahme wäre eine gesunde Ernährung mit regelmäßigem Verzehr von rohem Kohl- und Kressegemüse aus dem Garten. Bei Kohlumschlägen sollte die Anwendungsdauer von fünf bis zehn Minuten nicht überschritten werden, da es sonst zu Gewebeschädigungen kommen kann. Eine innerliche Überdosierung von senfölglykosidhaltigen Pflanzen führt zu heftigen Magen-Darm-Beschwerden.

SALICIN UND SAPONINE

Wie bereits erwähnt, gibt es aber auch noch einige nicht ungefährliche Kandidaten aus der Familie der Glykoside. Dazu gehören die Digitalisglykoside, das Salicin und die Saponinglykoside. Der Rote Fingerhut heißt auf Lateinisch *Digitalis purpurea* und ist bekanntlich giftig! Ebenso das Adonisröschen und das Maiglöckchen.
Salicin ist ein natürliches Schmerzmittel. Erst im menschlichen Körper wird es umgewandelt und entwickelt dann seine ganze Wirkung als Mittel mit fiebersenkenden, entzündungshemmenden und schmerzlindernden, antirheumatischen und antibakteriellen Eigenschaften. Pflanzliche Salicinpräparate wirken erst nach ein bis zwei Stunden, dann jedoch über 12 Stunden, sodass wir nur zweimal täglich z. B. einen Weidenrindentee oder Mädesüßtee trinken müssen, um eine Rundumversorgung in Sachen Schmerzlinderung zur Verfügung zu haben.
Bei einer Überempfindlichkeit gegen Salicylate oder einer Schmerzmittelallergie ist allerdings größte Vorsicht geboten. Ansonsten wird das natürliche Schmerzmittel wesentlich besser vertragen als seine chemischen Nachbildungen.

Digitalisglykoside

Frisch gewaschener Feldsalat

Gerbstoffe in Zaubernussblüten

Vertreter der Saponine: Efeu

Vogelmiere wirkt mit Saponinen

Storchschnabel

Sie haben sich vielleicht schon einmal die Frage gestellt, ob Sie die Salatwasch-Schüssel nicht gut genug gespült haben, denn immer wenn Sie Feldsalat darin waschen, schäumt es leicht. Nun, ich kann Sie beruhigen, die Schüssel war bestimmt nicht die Ursache, sondern es ist in diesem Fall tatsächlich der Feldsalat mit seinen Inhaltsstoffen, den Saponinen. Saponin kommt von dem lateinischen Wort Sapo und heißt übersetzt Seife. Mit Hilfe von Saponinen wird die Oberflächenspannung von Flüssigkeiten herabgesetzt, Wassertropfen perlen so nicht mehr ab, sondern gleiten als Film an der Oberfläche entlang und nehmen auf diese Weise alles mit, was sich dort an Schmutz befindet. Jede Wäsche mit Wasser und Reinigungsmittel funktioniert genau so.

Saponine werden aus diesem Grund auch medizinisch genutzt. Sie sind wichtige Emulgatoren für Rezepturen mit Fetten und ätherischen Ölen. Ebenso wirken sie effektiv als Spritzmittel gegen Blattläuse (1 l Wasser mit 30 ml Brennspiritus und einem Spritzer Spülmittel), weil das Wasser-Spiritus-Gemisch nicht abperlt, sondern an den Läusen haftet und diese austrocknet.

Die Wirkung von saponinhaltigen Pflanzen ist sehr vielfältig. Sie lösen zähen Schleim in den Bronchien, sodass wir ihn besser abhusten können. Außerdem besitzen solche Pflanzen sekretionsanregende, stoffwechselanregende, entwässernde, bakteriostatische und antimykotische Eigenschaften. Auch eine antivirale und tonisierende Wirkung wird angenommen. Ein Wildkräutersalat im Frühjahr mit vielen saponinhaltigen Kräutern und Feldsalat gilt schon seit jeher als Blutreinigungskur. Wichtige Vertreter der Saponingruppe sind: Schlüsselblume, Efeu, Gänseblümchen, Birke, Stiefmütterchen, Spargel, Rüben, Süßholz, Veilchen, Seifenkraut, Vogelmiere und Feldsalat.

GERBSTOFFE

Haben Sie auch schon einmal vergessen, eine Tasse Kräuter- oder Schwarztee rechtzeitig zu trinken, und wollten das anschließend schnell nachholen? Die Erfahrung, die Sie dabei gemacht haben, war bestimmt nicht angenehm, denn ein raues, zusam-

Himbeeren – gerbstoffhaltige Pflanzen

Blühende Malve

menziehendes, vielleicht sogar leicht betäubendes Gefühl im Mundraum war das Ergebnis. Sie sind hier in den Genuss von Gerbstoffen geraten, die sich erst sehr spät aus den Pflanzen lösen. Daher müssen wir bei einer beabsichtigten Heilwirkung durch die Anwendung von gerbstoffhaltigen Kräutern für die entsprechenden Pflanzenauszüge eine längere Einwirkzeit (10 bis 12 Minuten) berücksichtigen.
Gerbstoffe festigen bei Häuten aller Art, auch Schleimhäuten, das Eiweiß der oberen Hautschicht zu unlöslichen Eiweißverbindungen (nur so halten ihre Lederhandtasche, die Lederhose oder der Gürtel lange Zeit, ohne zu zerfallen). Sogenannte Tanningerbstoffe finden wir in Zaubernuss und Blutwurzel. Leder wird pflanzlich mit Eichenrinde (Gerberlohe) gegerbt. Im übertragenen Sinn kann man auch sagen, dass Gerbstoffe dicht machen, z. B. bei Durchfall, Halsentzündungen, Keimbefall und sogar Schwermetallvergiftungen, Blutungen oder einer laufenden Nase.
Die Wirkungen allgemein: zusammenziehend, austrocknend, konservierend (Leder), stopfend, als Lokalanästhetikum, blutstillend, sekretionshemmend, schleimhautschützend, keimhemmend, bakterizid, antiviral, auch gegen Schimmelpilze, reizmildernd, entzündungswidrig, wundheilungsfördernd. Aber aufgepasst: Hohe Dosen von Gerbstoffen können zu Magenschleimhautreizungen und Brechreiz führen.
Gerbstoffhaltige Pflanzen sind u. a. Salbei, Melisse, Heidelbeeren, Brombeeren, Himbeeren, Frauenmantel, Gänsefingerkraut, Storchschnabel, Gundermann, Pfefferminze, Augentrost.

SCHLEIMSTOFFE

Ich bin sauer! Ich brenne innerlich! Ich könnte aus der Haut fahren, aber vorher noch explodieren! Ich gebe nichts her! Solche Sätze hört man von Menschen, die dringend die reiz- und schmerzlindernde Wirkung von Schleimstoffen benötigen. Sie legen einen Schutzfilm über gereizte Nerven und Häute, sodass sich die Menschen darunter erholen können. Schleimstoffe dienen in Kombination mit Wasser als Puffer zwischen der Welt draußen und der inneren Welt. Sie können auch in Form eines Gelees aufgenommen werden, denn Pektin, das reich in Äpfeln, Rüben, Feigen und Zitrusfrüchten vorkommt, gehört ebenfalls zu den Schleimstoffen. Samen, die mit Wasser in Verbindung kommen (quellen), werden durch sie umgebende Schleimstoffe feucht gehalten und können so besser keimen. Sie binden Giftstoffe an sich und halten diese so an der Oberfläche fest, dass sie im Inneren keinen Schaden anrichten können. Ähnliches geschieht in unserem Organismus, wenn wir schleimstoffhaltige Pflanzen zu uns nehmen. Pflanzenschleime wirken reiz- und schmerzlindernd, einhüllend, schleimhautschützend, entzündungshemmend, puffernd bei Übersäuerung, entgiftend bzw. giftbindend, in größeren Mengen peristaltikanregend durch Volumenvergrößerung im Darm, als Abführmittel, in kleineren Mengen aber eher stopfend. Sie mildern scharfe oder bittere Substanzen ab und wirken in Form von Umschlägen erweichend auf die Haut.
Zu den schleimstoffhaltigen Pflanzen gehören: Eibisch, alle Malven, Wegeriche, Apfel, Quitte, Leinsamen, Königskerze, Ringelblume, Bockshornklee, Quecke und Weiße Taubnessel.

ZUBEREITUNGSFORMEN

Den wissenden Umgang mit Pflanzen habe ich bei den Inhaltsstoffen auf den Seiten zuvor beschrieben. Im Folgenden möchte ich Ihnen die wichtigsten Zubereitungsformen vorstellen, denn es gibt verschiedene Möglichkeiten, Heilpflanzen zu nutzen.

Zu den klassischen Arzneiformen und damit auch zu den Anwendungsmöglichkeiten von Pflanzen gehören: Kräutermischungen oder Einzeldrogen (in diesem Fall bedeutet Droge nicht Rauschgift, sondern lediglich getrocknete Pflanze), Extrakt, Aufguss, Abkochung, Sirup, Saft, Öl, Emulsion, Tinktur, Salbe, Wein, Weingeist, Essig, Pulver, Bad und Wickel. Und natürlich die ursprünglichste aller Anwendungen, der Tee. Dieser kann in Form eines Kaltauszuges, als Abkochung oder Aufguss zubereitet werden. Welche Pflanze für welche Anwendung geeignet ist, erfahren Sie bei den einzelnen Pflanzenbeschreibungen ab Seite 32.

TEE

Grundsätzlich besteht eine Teemischung immer aus der Hauptdroge, der Unterstützungs- oder Begleitdroge, einem Geschmacksverbesserer wie beispielsweise Anis sowie Füll- und Schmuckdrogen. Eine beliebte Schmuckdroge ist die Ringelblume.

Kräutertees, egal ob Mischung oder pur, können mit frischen oder getrockneten Kräutern aufgegossen werden. Bei der frischen Variante benötigt man allerdings die doppelte Menge an Kräutern. Also pro Tasse, anstatt einem Esslöffel, zwei Esslöffel Kräuter. Da wir die Kräuter vorher zerkleinern müssen, reichen fünf Minuten Einwirkzeit, um einen gesunden und schmackhaften Teeauszug genießen zu können.

Ob Sie sich einen Tee als Erfrischung oder als Arznei aufbrühen, hängt natürlich von Ihrem momentanen Befinden ab. Grundsätzlich bedeutet Tee nicht automatisch krank! Die Inhaltsstoffe wirken ja auch vorbeugend.

Einen Tee immer frisch zubereiten und zeitnah trinken! Bei längerem Stehen (auch in der Thermoskanne) besteht die Gefahr der Keimbildung.

Für Schleckermäuler gibt es eine besondere Zubereitungsform von frischen Kräutern und Obst: die sogenannte Honigmedizin. Klein gehackte Pflanzen werden hierzu mit Honig (im Verhältnis 1 Teil Obst oder Kräuter und 2 Teile Honig) bedeckt. Nach einem Tag Ruhezeit gibt man die Mischung löffelweise entweder ins Müsli, in Mineralwasser, Joghurt oder Tee.

ROHKOST

Die unmittelbarste Form der Zubereitung von Pflanzen ist die der Rohkost, das geht am schnellsten. Vor allem Obst und Gemüse bietet sich dazu an. Manchmal ist es jedoch wichtig, etwas Öl dazuzugeben, damit unser Organismus die wichtigen Vitamine (in diesem Fall die fettlöslichen) aufnehmen kann. Bei der Salatsoßenzubereitung handelt es sich also nicht nur um eine geschmackliche, sondern auch um eine sinnvolle Zutat.

Essig oder Zitronensaft sind jedoch nicht nur sehr gute Lösungsmittel für pflanzliche Wirkstoffe, sondern auch sehr probate Desinfektionsmittel für frische Pflanzenkost. Die Anwohner der Mittelmeerländer wissen das schon seit Jahrtausenden. Bei uns hat es etwas länger gedauert, denn noch vor ca. 200 Jahren war es bei uns unüblich rohen Salat zu essen. Man hat es wegen mangelnder Hygiene meistens nicht überlebt.

Eine neue Art von Rohkosterlebnis ist der Smoothie. Im Grunde genommen püriertes Obst und Gemüse (siehe Rezept Seite 57), um Vitamine schnell aufzunehmen.

Bei getrocknetem Tee bleibt die Qualität erhalten.

Manche Pflanzen müssen aber unbedingt gekocht werden. Dazu gehören z. B. Kartoffeln und Bohnen, denn roh verzehrt sind sie, wie wir es bei den Alkaloiden auf Seite 20 gelernt haben, ziemlich giftig! Außerdem gibt es Menschen, die Rohkost nicht so gut vertragen, sodass auch hier auf den Vorgang des Kochens zurückgegriffen werden sollte. Ein Paradebeispiel wäre der Kohl. Roher Krautsalat und rohes Sauerkraut können zu verdauungstechnischen Irritationen führen. Die Zugabe von Kümmel kann zwar lindern, ist jedoch nicht jedermanns Geschmack! Bei der Anwendung von Kohlwickeln zur Linderung von Gelenkentzündungen müssen die Blätter allerdings roh verwendet werden.

Ein sehr gesunder, vielfältiger Rohkostteller

Haustee mit Ringelblumenblüten

Kräuter aromatisch in Essig konservieren.

KOHLWICKEL

Umschläge und Wickel sind eine einfache Art, sich die Wirkungskraft der Pflanzen durch äußere Anwendung zunutze zu machen.
Ein Wickel aus Kohl lindert z. B. Gelenkentzündungen. Für diese Anwendung werden von einigen großen Kohlblättern die Mittelrippen entfernt und anschließend mit dem Nudelholz platt gewalzt. Nachdem man die Blätter auf die betreffende Stelle gelegt hat, deckt man sie mit einem Tuch ab und lässt sie ca. drei Stunden einwirken. Dabei entsteht eine durchblutungsfördernde Wirkung, die sich durch Brennen bemerkbar macht. Sollte es unerträglich werden, ist die Behandlung abzubrechen!

QUARKWICKEL

Quarkwickel wirken angenehm kühlend. Der hierfür verwendete Quark kann durch die Zugabe von Minze oder Rosmarin aufgewertet werden. Quarkwickel können kalt oder warm aufgelegt werden. Kalte Wickel wirken bei Sportverletzungen, Venenentzündungen, Fieber oder Sonnenbrand kühlend, indem sie dem Körper überschüssige Wärme entziehen und dadurch Entzündungen und Schmerzen lindern. Warme Wickel wirken als Wärmetherapie z. B. bei Erkältungen und Entzündungen der Atemwege. Hierfür wird auf ein Küchentuch oder ein Geschirrtuch der Quark fingerdick aufgetragen, aufgelegt und mit einem weiteren dünnen Tuch abgedeckt. Wichtig: nicht zudecken, damit es keinen Wärmestau gibt. Kalte Wickel bleiben etwa 15 Minuten an Ort und Stelle, warme Wickel werden mit der Wärmflasche vor dem Auftragen angewärmt und sollten ca. zwei Stunden einwirken können. Während der Anwendung bitte zugedeckt liegen bleiben.

KRÄUTERWICKEL

Für einen Wickel bzw. Umschlag mit einem Kräuterauszug kochen wir einen doppeldosierten Tee aus den entsprechenden Pflanzen (2 bis 3 EL pro 150 ml Wasser). Diesen Auszug lässt man zum Abkühlen stehen und ergänzt ihn mit Wasser, sodass man ein Tuch damit tränken kann. Dieses wird kurz ausgedrückt und auf die entsprechende Stelle (z. B. Waden, Brustraum) gelegt und mit

Frisch geriebener Meerrettich wird für einen Wickel auf Baumwollstoff gegeben, darauf verteilt und dann aufgelegt.

Abgezupfte Lavendelblüten für ein Badesäckchen auf ein Tuch geben ...

... vor Gebrauch mit kochendem Wasser überbrühen.

einem weiteren Handtuch abgedeckt. Bitte nicht zudecken, lediglich die freien Körperteile können gegen Kälte leicht bedeckt werden.

KRÄUTERSÄCKCHEN

Eine weitere sehr simple Anwendungsform sind Kräutersäckchen. Sie können entweder trocken zum Riechen oder gewässert als Badesäckchen benutzt werden. Das Grundrezept ist für beide Anwendungen gleich: getrocknete Duftkräuter in einer Schüssel mischen (die einfachste Mischung besteht aus der jeweils gleichen Menge an Kräuteranteilen) und locker in ausreichend große Baumwollsäckchen füllen. Für ein Badesäckchen noch 100 g Badesalz vom Toten Meer und (optional) etwas Weizenkleie dazugeben. Für ein Kuschelduftsäckchen braucht man noch einige Wattebällchen, die das Kissen weicher machen und darüber hinaus den Duft besser binden. Durch Körperwärme oder das Badewasser werden die heilenden Düfte freigesetzt. So kann sich je nach verwendeter Pflanzendroge eine blutstillende, beruhigende oder entzündungshemmende Wirkung optimal entfalten. Sie sind ein sanftes Hausmittel und durch ihre Düfte besonders dazu geeignet, die Seele zu erfreuen. Kräutersäckchen steigern die Konzentration, beruhigen die Nerven, sorgen für besseren Schlaf, können aber je nach Mischung auch gegen Kopfschmerzen, Erkältungen oder Übelkeit helfen.

KALTAUSZUG

Ein spezielles Grundrezept für viele Schleimdrogen ist der sogenannte Kaltauszug, auch Mazerat genannt. Ein gutes Beispiel für diese Rezeptur ist der Eibisch. Für einen Eibischauszug wird 1 EL getrocknete Eibischwurzel ca. ein bis zwei Stunden mit kaltem Wasser angesetzt. Dieser Auszug, leicht erwärmt, ist ein sehr gutes Gurgelmittel gegen Heiserkeit und Reizhusten, da er reizlindernd und schleimhautschützend wirkt. Die Schleimstoffe lösen sich und können so ihre Heilwirkung entfalten. Schleimstoffe sind hitzeempfindlich und werden durch Kochen oder kochendes Wasser zerstört. Daher bei Bedarf lediglich erwärmen und ganz wichtig: immer frisch zubereiten, sonst bereiten Sie einen idealen Nährboden für Keime! Kaltauszüge sind auch mit nicht schleimstoffhaltigen Kräutern möglich, da es sich um ein schonendes Verfahren handelt.

ESSIG UND TINKTUR

Zu den flüssigen Anwendungen von Pflanzenauszügen zählen auch Essig, Tinktur und Öl (als Grundlage für Salben). Die Grundrezepte unterscheiden sich lediglich in den Pflanzenanteilen (= Konzentration) sowie im Alkoholgehalt der Tinktur. Pflanzenauszüge als Essig oder Tinkturen sind lange haltbar, sodass wir uns einen größeren Vorrat davon anlegen können. Es sind auch sehr beliebte Geschenke.

GRUNDREZEPT ESSIGAUSZUG

Für einen Essigauszug, z. B. für Umschläge, als Deo oder zum innerlichen Gebrauch, verfahren wir genauso wie bei einem Ölauszug; siehe rechts auf dieser Doppelseite. Für Essige eignen sich durch seine konservierende Wirkung allerdings am besten Frischpflanzen. Bei Essigauszügen müssen wir die Pflanzen auch nicht abfiltrieren, sondern können sie in der Flasche lassen. Das sieht bei einem selbst gemachten Kräuteressig aus dem Garten sehr dekorativ aus und kann auch als Geschenk dienen. Halten Sie daher die Augen nach ausgefallenen Flaschenformen auf.

GRUNDREZEPT TINKTUR

Das Grundrezept für eine Tinktur besteht aus 50 bis 100 g frischen Pflanzenteilen und für den tropfenweisen Gebrauch aus 50 bis 70 %igem Alkohol. Für den Gebrauch als Heiltrank, z. B. für die Dosierung mit Hilfe eines Löffels oder eines Schnapsglases, reichen die üblichen 38 bis 40 % Alkohol von Doppelkorn, Wodka, Rum oder Weinbrand. Die sehr gut zerkleinerten Pflanzenteile geben wir in ein Schraubglas mit weitem Hals und gießen sie mit 500 bis 750 ml (handelsüblich bei Spirituosen) auf. Nach ca. 14 Tagen bis vier Wochen Reifezeit können wir die Pflanzenteile abfiltrieren und danach die Tinktur in dunklen Flaschen lagern. Während der Reifezeit ist es sinnvoll, einmal täglich zu schütteln, damit sich die Inhaltsstoffe gleichmäßig verteilen können.

Lavendelblüten in Öl angesetzt helfen bei Hautproblemen.

Getrocknete! Kräuter in Öl.

ÖLAUSZÜGE

Ölauszüge sind dazu geeignet, alle fettlöslichen Inhaltsstoffe aus den Pflanzen zu lösen. Dazu gehören vor allem ätherische Öle, das wird z. B. in einem Würzöl bemerkbar, aber auch Farbstoffe wie Flavonoide und weitere Wirkstoffe wie z. B. das Hypericin von Johanniskraut (auch als Rotöl bezeichnet).
Öle, die für einen Auszug verwendet werden, vor allem wenn dieser für eine innere Anwendung gedacht ist, sollten eine möglichst gute Qualität (am besten bio) haben. Sie sind zudem die Grundlage für die Weiterverarbeitung zu Salben oder als Massageöl und Badezusatz.

GRUNDREZEPT ÖLAUSZUG

Für eine Literflasche Öl benötigen wir 20 bis 30 g zerkleinertes Kraut, frisch geerntet und sehr gut abgetrocknet; oder sicherheitshalber Trockenware. Wir geben die Pflanzenteile in die Flasche, gießen mit Öl auf (Sonnenblumenöl, Erdnussöl, Rapsöl, Distelöl), stellen den Ansatz für zehn Tage ins Helle und binden die Flasche in den ersten fünf Tagen lediglich mit einem Tuch zu (eventuelle Gase können entweichen). Danach mit einem Deckel verschließen und einmal täglich gut schütteln. Anschließend wird das Öl mit einem ganz normalen Kaffeefilter abfiltriert und in dunklen Flaschen gelagert.

SALBEN-GRUNDREZEPT FÜR DEN HAUSGEBRAUCH

100 g Salbengrundlage, z. B. Lanolin aus der Apotheke oder ein neutrales Fertigprodukt, werden mit 10 bis 20 ml Kräuter-Öl-Auszug (z. B. Ringelblume oder Kamille) gründlich verrührt (am besten in einem Rührtopf) und danach kühl und dunkel gelagert. Für Cremes und Salbenrezepturen ist Voraussetzung, dass spezielle Handwerkszeuge wie Tiegel, Mörser etc. vorrätig sind. Geräte für die Salbenherstellung erhalten Sie in Geschäften, die über ein breites Sortiment zum Thema „DIY-Naturkosmetik" verfügen. Dort bekommt man auch die Rohstoffe. Zur Aufbewahrung sind kleine Blechdosen praktisch.

In dieser Schale schmelzen Wachsplättchen über dem Wasserbad.

Die Salbengrundlage wird mit Pflanzen- und ätherischem Öl ergänzt.

Die fertige Ringelblumensalbe wird in einer schönen Dose gelagert.

GEMÜSEGARTEN

— *Pflanzen und ihre Heilwirkung*

GEMÜSE PFLEGEN

Zu den heilenden Pflanzen zählen auch viele bekannte Gemüsesorten. Dieser Ansatz lässt sich im Vergleich zu manch anderen Heilmitteln in den meisten Fällen auch sehr schmackhaft umsetzen.

Seit einigen Jahren beobachte ich einen sehr erfreulichen Trend: den Trend hin zum eigenen Gemüse! Das klingt jetzt zwar nicht gerade spektakulär, denn Gemüseanbau in Gärten oder auf Feldern ist nicht wirklich etwas Besonderes und wird schon seit Hunderten von Jahren praktiziert. Was ich jedoch als sehr bemerkenswert empfinde, sind die neuen Flächen, auf welchen der Gemüseanbau heutzutage u. a. stattfindet. Betonwüsten, Brachflächen, verfallene (und neu errichtete) Gebäude oder eintönige Grünanlagen werden auf einmal Grundflächen für ein vielfältiges „Wachsen und Gedeihen" von Blumen, Kräutern und Gemüse – und das oft mitten in der Stadt. Häufig sind diese Projekte noch mit Aktionen auf sozialer Ebene verbunden und schaffen somit ein friedlicheres, relativ natürliches und gesundes Miteinander. Ich finde diese Ideen und Entwicklungen einfach großartig! Sie machen darüber hinaus auch noch deutlich, dass der Anbau von eigenem Biogemüse eigentlich überall gelingen kann, selbst wenn man gar keinen eigenen Garten zur Verfügung hat. Manches Gemüse wächst oft im Reissack, in Obstkisten, in Eimern und Kübeln und vielen anderen bepflanzbaren Gegenständen genauso gut wie im Garten. Wir müssen nur die notwendigen Bedingungen, was Anbau und Pflege betrifft, berücksichtigen. Wenn wir unser Gemüse selbst anbauen, besteht zudem die Möglichkeit, auch alte, fast vergessene oder verlorengegangene Sorten in unserem Garten anzusiedeln. Dadurch können wir sowohl für den Artenerhalt als auch für die Vielfalt der verschiedenen Sorten sorgen und unser Gemüseteller bleibt weiterhin bunt, abwechslungsreich und gesund. Gemüse braucht, im Gegensatz zu Kräutern, über die gesamte Vegetationsperiode Zuwendung. Für pflegende Handgriffe werden Sie dann mit reicher Ernte belohnt. Grundvoraussetzung ist ein Beet, das mit guter Komposterde versorgt und unkrautfrei ist. Es sollte nie ganz austrocknen und gut gemulcht in voller Sonne liegen. Gemüse möchte auch nicht dicht gedrängt im Beet liegen, das wird mit Krüppelwuchs geahndet. Daher müssen die Sämlinge später vereinzelt werden, sodass einem gesunden Wachstum in Länge, Breite und Tiefe nichts im Wege steht. Etwas Nahrung in Form von regelmäßigen Düngergaben ist für das Wachstum von Pflanzen ebenfalls wichtig, wobei wir dabei auf die Dosierung achten müssen, denn sonst schießt die Pflanze gerne ins Kraut – auf Kosten der Inhaltsstoffe und des Geschmacks. Wer die Möglichkeit hat, Hochbeete anzulegen, tut sich und den Pflanzen durch effektive Betreuung ohne Rückenschmerzen einen zusätzlichen Gefallen. Hochbeete musste man sich vor noch nicht allzu langer Zeit mühselig selbst zusammenbasteln. Aufgrund der steigenden Nachfrage hat sich aber zwischenzeitlich die Gartenbaubranche dieses Mangels angenommen und für Abhilfe gesorgt.

Violette Urmöhren

KNOBLAUCH
— *Allium sativum*

Dieser Altbekannte aus der Familie der Zwiebelgewächse hat nicht nur Freunde. Sein Geruch sorgt dafür, dass er neben Befürwortern auch erbitterte Gegner hat. Nichtsdestotrotz gehört er aufgrund seiner antibakteriellen Wirkung zu den gesunden und heilenden Gemüsen.

KULTIVIERUNG UND VERWENDUNG

Anbau
Zehen im März/April in gut gedüngten, tiefgründigen, mäßig feuchten Boden pflanzen, etwa 5 cm tief; sonniger Standort; Steckzwiebeln von Knoblauch sind ab und zu, je nach Lagerung, etwas eingetrocknet und geschrumpft, in diesem Fall lohnt es sich, diese vor der Pflanzung über Nacht in Regenwasser vorzuquellen, sodass sie ihre ursprüngliche Größe wieder erreichen, sie wachsen dann auch besser an.

Ernte
ab Juli, wenn die Blätter dürr werden; einen Tag an der Luft gut trocknen lassen, danach in Bündeln luftig geschützt aufhängen; einige Monate lagerfähig

Verwendete Pflanzenteile
Knolle, z. T. auch Blätter

Inhaltsstoffe
ätherische Öle, Senfölglykoside, Alliin, Selen, Jod, Zink, Adenosin

Eigenschaften
antibakteriell, pilzhemmend, blutdrucksenkend, verdauungsfördernd, darmreinigend

Verwendungsmöglichkeiten
die Zehen in Öl, Essig, Honig eingelegt oder als Presssaft; frische Knoblauchscheiben zum Desinfizieren von Insektenstichen; vielseitige Küchenwürze roh oder gegart (durch längere Lagerung werden die Knollen schärfer, ganz frisch geernteter Knoblauch schmeckt mild, zart und saftig)

Knoblauch *(Allium sativum)* ist als Wildpflanze unbekannt, aber schon seit 5.000 Jahren als Arzneipflanze in Gebrauch. Man vermutet seine Entstehungsgeschichte in Zentralasien, sodass wohl die alten Inder und Chinesen mit ihren Züchtungen zu den Vätern der heutigen Knoblauchknolle zählen. Die Heilwirkung dürfte außer dem unnachahmlichen Geschmack bereits den alten Kulturen bekannt gewesen sein, denn es gibt Aufzeichnungen über diese Art der Verwendung – auch damals gab es bestimmt schon Gärungsprozesse im Darm, einhergehend mit Blähungen. Die bakterienabtötende Eigenschaft war mit Sicherheit bekannt, wobei man früher von krankheitsauslösenden Bakterien, wie wir sie heute kennen, noch keine Ahnung hatte.
Es ist bewiesen, dass Knoblauch eigentlich täglich auf dem Speiseplan stehen sollte, wenn wir uns ein langes, gesundes Leben wünschen. Die Dosierung liegt bei drei Zehen täglich, um eine medizinische Wirkung zu erzielen. Weitere Einsatzgebiete von Knoblauch sind: Blutdrucksenkung, Festigung des Bindegewebes; Fettablagerungen, auch in den Blutgefäßen, werden reduziert. Mit einer Scheibe Knoblauch lassen sich zudem Insektenstiche desinfizieren. In der Küche würzt er Marinaden, Fleisch, Fisch, Gemüse und Suppen.

KNOBLAUCHÖL

Für ein wohlschmeckendes Würzöl für jeden Tag geben wir in eine ausreichend große Flasche fünf bis sechs Knoblauchzehen (gequetscht), drei bis vier Blätter Salbei, zwei Zweige Thymian und

Geerntete Knoblauchknollen vor dem Einlagern gut trocknen.

füllen mit gutem Pflanzenöl (Sonnenblumenöl oder Distelöl) auf. Nach etwa einer Woche abfiltrieren und danach dunkel lagern. Das Öl wirkt verdauungsfördernd und desinfizierend und kann auch löffelweise, dreimal täglich, eingenommen werden. Als Variante bietet sich auch ein Knoblauchöl ohne zusätzliche Kräuteranteile an. Hierzu werden zehn Zehen oder eine ganze Knolle verwendet. Die Vorgehensweise ist die gleiche. Solch ein Knoblauchöl eignet sich beispielsweise für die Zubereitung von Steak- oder Gemüsemarinaden für Grillgerichte. Es kann jedoch auch zu Heilzwecken eingenommen werden.

Checkliste

HILFT BEI FOLGENDEN BESCHWERDEN:

- ☐ Bluthochdruck
- ☐ Arteriosklerose
- ☐ Infektanfälligkeit, z. B. durch Mangel an Mineralien
- ☐ Verdauungsproblemen
- ☐ Insektenstichen (Desinfizierung)

ZWIEBEL
— *Allium cepa*

Wer hat bei der Küchenzwiebel nicht schon Tränen vergossen und Schniefnasen geputzt und möchte sie dennoch nicht vom Speiseplan streichen? Das ist auch gut so, nur so kommen wir in den Genuss ihrer Heilwirkungen.

Wie beim Knoblauch vermutet man auch den Ursprung der Zwiebel *(Allium cepa)* in Asien. Aber nicht nur die Herkunft verbindet beide Gemüsepflanzen, sondern auch die Heilwirkung.

KULTIVIERUNG UND VERWENDUNG

Anbau
Steckzwiebeln ab April im Reihenabstand von 10 cm und Pflanzenabstand von 25 cm ins Beet setzen oder Aussaat Anfang März bis Ende April etwa 2 cm tief in sonnig warmer Lage in leichten Sand- oder Lehmboden

Ernte
Juli bis Mitte August, wenn die Blätter gelb werden; an einem trockenen, warmen, sonnigen Platz ganz durchtrocknen lassen, erst dann einlagern

Verwendete Pflanzenteile
Knolle; je nach Sorte auch das Laub für den Frischverbrauch

Inhaltsstoffe
Alliin, Allicin, Flavonoide in der Haut, Schwefel, ätherische Öle, Inulin, senfölähnliches Glykosid, Vitamine B und C, Carotinoide, Ajoen

Eigenschaften
antibakteriell, harntreibend (als Suppe), blutfett- und blutzuckersenkend, schleimlösend

Verwendungsmöglichkeiten
die Knollen als Gemüse, Suppe, Auflage, Saft, Tee, Sirup oder als Honigmischung (Trunk) in Milch eingelegt

Man könnte die Zwiebel auch als Gesundheitsknolle bezeichnen und das schon seit 3.000 Jahren. Sie wird sehr vielfältig eingesetzt, z. B. als Gemüse, Saft, Sirup sowie als Auflagesäckchen auf die Bronchien und hat sich besonders gegen Erkältungskrankheiten bewährt. Die schleimlösende, entzündungshemmende, aber auch beruhigende Wirkung der Zwiebel begründet die Anwendungen. Außerdem fördert die Zwiebel nicht nur den Appetit auf Essen und Trinken, sondern auch die sexuelle Lust. Sie ist eben eine Kandidatin für heiße Attacken der vielfältigen Art und macht auch ganz schön viel Wind.
Anders als beim Knoblauch haben wir bei der Zwiebel eine vielfältige Auswahl an Sorten zur Verfügung. Wir müssen uns nicht nur mit der Küchenzwiebel zufriedengeben. Schalotten, rote und weiße Arten, Etagen- und Winterheckenzwiebel, Bund- und Lauchzwiebel sorgen für Abwechslung auf unserem Teller und sind in der

Zwiebeln helfen bei Erkältungen.

Ein prächtiger Horst der Winterheckenzwiebel

Für Wärme von innen – eine leckere Zwiebelsuppe mit Brot und Käse

Heilwirkung als gleichwertig zu bezeichnen. In unserem Heilgarten können wir mit verschiedenen Zwiebelsorten das Beet zudem dekorativ gestalten. Die Zwiebel ist allerdings nicht ganz so robust und schwächelt manchmal, je nach Standort. Die Minierfliege und Pilzerkrankungen wie Falscher Mehltau machen ihr oft das Leben schwer. Warme, lockere Böden und eine Zwischensaat oder Pflanzung von Petersilie hat sich als erfolgreich erwiesen.

IMMUNSTÄRKENDE ZWIEBELSUPPE

Zwei große Zwiebeln schälen, halbieren und in Scheiben schneiden. Mit 2 EL Olivenöl und 2 EL Butter in einer hohen Pfanne glasig dünsten. Nebenbei in einem Topf 1 l Gemüsebrühe erhitzen. Die Zwiebeln in der Pfanne mit zwei Lorbeerblättern, je einem ½ TL Zimt, Curry, Pfeffer, Salz und etwas Kandiszucker würzen. Nach fünf Minuten mit einem trockenen Weißwein (¼ l) ablöschen, noch einmal aufkochen lassen und danach zur Gemüsebrühe in den Topf geben. Mit gerösteten Brotscheiben servieren. Diese Suppe besitzt eine stark erwärmende Wirkung und ist daher besonders für kalte Tage geeignet. Dieser Effekt kann durch Überbacken mit Käse zusätzlich verstärkt werden.

Checkliste

HILFT BEI FOLGENDEN BESCHWERDEN:

- ☐ Infektionen wie Erkältungen, auch vorbeugend
- ☐ Entzündungen (Mittelohr und Rachenraum)
- ☐ erhöhten Blutfettwerten
- ☐ Bluthochdruck
- ☐ Kreislaufproblemen
- ☐ Angina
- ☐ Blähungen

ROTE BETE
— *Beta vulgaris* var. *vulgaris*

Eine gute Nachbarin für Zwiebeln und Knoblauch: die Rote Bete. Die rote süßlich-erdige Knolle lässt sich gut einlagern und kann dann im Winter den Speiseplan als Wohlfühlgemüse bereichern.

Bei der Zubereitung färbt die Knolle gerne ihre Umgebung – insbesondere die Finger. Jedoch immerhin rot, die Farbe von Blut und Leben (und eben Liebe!). Das tut sie mit solch einem Fleiß, dass selbst auf der Toilette der Genuss von Roter Bete (*Beta vulgaris* var. *vulgaris*) nachweisbar ist.

KULTIVIERUNG UND VERWENDUNG

Anbau
Saatgut ab Mitte April bis Juni im Reihenabstand von 30 cm direkt ins Beet, Saattiefe 3 bis 4 cm, später auf Pflanzenabstand von 12 cm ausdünnen; gedeiht auf fast allen Böden an einem sonnigen Standort, keine besonderen Ansprüche

Ernte
Knollen von Juli bis November; Blätter laufend

Verwendete Pflanzenteile
Knollen und Blätter

Inhaltsstoffe
Mineralien wie Natrium, Kalium, Calcium, Vitamin B_6, A und C, Folsäure, Eisen, Nitrat, Anthocyane, Polyphenol, Betanin (gehört zu den Flavonoiden)

Eigenschaften
gefäßerweiternd, regenerierend, entzündungshemmend, immunkräftestärkend, stimmungsaufhellend, vitalisierend
Achtung: Diabetes und Bluthochdruck sollten nicht ohne ärztlichen Rat selbst therapiert werden.

Verwendungsmöglichkeiten
als Rohkost, Gemüse, Suppe, Salat, Saft, Smoothie, Mus

Das liegt am Polyphenol Betanin und ist absolut unbedenklich!
Die Rote Bete kann roh oder gekocht verwendet werden, wobei der Rohgenuss effektiver ist. Der Geschmack muss jedoch als gewöhnungsbedürftig bezeichnet werden. Eine Rohkost (geraspelte Knolle und Blätter klein geschnitten) kann aber durch die Zugabe von Äpfeln oder Karotten und etwas Sahne geschmacklich verbessert werden.
Beim Kochen unbedingt die Schale (Haut) dranlassen, da sonst alle Inhaltsstoffe ins Kochwasser gehen. Und da nutzen sie nichts.
Meine „rote Freundin" steht in letzter Zeit wieder sehr im Rampenlicht, weil sie dabei hilft, den Fettstoffwechsel anzuregen und den Blutdruck zu senken. Beides sind Gesundheitsprobleme der heutigen Zeit, die mit psychischer Erschöpfung und verbesserungsbedürftigen Blutbildern einhergehen. Außerdem ist das Immunsystem vieler Menschen geschwächt, sodass Entzündungskrankheiten aller Art immer häufiger auftreten. Gegen diese Beschwerden ist die Rote Bete sehr wirksam. Deswegen wäre es besonders schade, nicht zu wissen,

Checkliste

HILFT BEI FOLGENDEN BESCHWERDEN:

- ☐ Fettstoffwechselerkrankungen
- ☐ Leber-Gallen-Erkrankungen
- ☐ Diabetes
- ☐ Bluthochdruck
- ☐ Arthrose
- ☐ Entzündungen

Rote Bete lässt sich auch gut in Kübeln pflegen.

Die jungen Blätter der Knollenpflanze sind ideal für Salate.

was mit ihr anzufangen ist, oder sie überhaupt nicht zu kennen.

Meist findet nur die Knolle in der Küche Verwendung, dabei haben die Blätter ein Vielfaches an gesunden Inhaltsstoffen vorzuweisen. Bitte nicht wegwerfen! Wir können sie unter Salate mischen, einen Smoothie daraus zaubern, klein gehackt auf die Suppe streuen und andere schmackhafte Rezepte damit bereichern.

Die Rote Bete ist in der Kultur völlig anspruchslos, sodass selbst Gartenneulinge damit zurechtkommen.

ROTE-BETE-MUS

Drei Rote Bete putzen und abwaschen, ohne die Haut dabei zu verletztzen. In leicht gesalzenes, kochendes Wasser geben, Deckel auflegen und ca. 45 Minuten bis eine Stunde kochen (je nach Größe) und im Kochwasser erkalten lassen; am besten über Nacht. Danach die Rüben schälen, hacken und in wenig Wasser erwärmen, mit Salz und etwas Kandiszucker würzen und pürieren, eventuell mit einem Schuss Sahne verfeinern und servieren.

Rote-Bete-Mus mit Keimsprossen ist ein Genuss für Auge und Gaumen.

KOHL
— *Brassica* spec.

Der Kohl kam um 1543 als Wirsingkohlkopf aus Italien über die Alpen nach Mitteleuropa. Heutzutage kennen nur die wenigsten Menschen noch den Kohl und seine Familie als Wildpflanze.

KULTIVIERUNG UND VERWENDUNG

Anbau
ab April direkt ins Beet säen; die Pflänzchen bei Bedarf später auf einen Reihen- und Pflanzenabstand von 50 × 50 cm ausdünnen; gut mit Kompost (3 bis 5 kg/m²) und Pflanzenjauche vor der Kopfbildung versorgen; am besten unter einem Pflanzenschutznetz anbauen, um den Schädlingsbefall zu minimieren sowie eine dreijährige Anbaupause von Kohlpflanzen auf dem gleichen Beet einhalten; regelmäßige Wassergaben bei Kopfkohl notwendig

Ernte
frühe Sorten ab Juni, sonst von Herbst bis Frühjahr (Dauerkohl)

Verwendete Pflanzenteile
ganzer Kopf oder Blätter, je nach Sorte

Inhaltsstoffe
Mineralien, Spurenelemente, Vitamine, Bitterstoffe, Chlorophyll, Glucosinolate

Eigenschaften
desinfizierend, entzündungshemmend, durchblutungsfördernd, ausleitend

Verwendungsmöglichkeiten
die Blätter als Salat, Gemüse, Saft, Smoothie, Sauerkraut (bei Ekzemen, Ischias, Rheuma, Venenentzündungen); Umschlag und Wickel bei entzündeten und eitrigen Wunden (offene Beine, Gürtelrose, Röteln, Nagelbettentzündungen)

Man findet die Wildformen noch entlang der Küsten von Südengland, Westfrankreich und Nordwest-Spanien. Weitere Kohlverwandte wachsen entlang der Mittelmeerküsten sowie auf den Kanarischen Inseln. Kohl hat überwiegend gelbe aber auch weiße Blüten. Man könnte also auch einige Kohlpflanzen als Zierpflanze und zur Saatgutgewinnung erblühen lassen. Ein Anblick, den man selten sieht.

Wenn Sie mit dem Wunsch, Kohl anzubauen, in eine gut sortierte Gärtnerei kommen, wird man Sie zunächst nach der gewünschten Kohlsorte fragen. Wenn Sie sich nicht schon vorher mit der Riesenfamilie „Kohl" befasst haben, kommen Sie spätestens jetzt ins Grübeln. Die einfachste Entscheidung wäre Rot-, Weißkohl oder Wirsing. Doch das ist erst der Anfang! Es gibt frühe Kohlsorten, Herbst- und Wintersorten. Frühkohl kann nur in wintermilden Gegenden angebaut werden, denn er wird ab Ende Januar bereits vorgezogen und kann zehn bis 20 Wochen nach der Aussaat geerntet werden. Herbstkohl wird Ende Juni gepflanzt und darf bis Oktober reifen. Der Winterkohl, man sagt auch Dauerkohl dazu, wird Anfang Juni gepflanzt und erst spät im Jahr vor dem ersten Frost geerntet und kann bis zum Frühjahr eingelagert werden. Wirsing wird Anfang Juli gepflanzt und kann, je nach Sorte, sogar bis März geerntet werden.

Der Anbau und die Ernte von Rotkohl sind identisch mit den bereits beschriebenen Weißkohlarten, wobei Rotkohl wesentlich verträglicher ist. Kohl schmeckt auch so manchem tierischen Schädling sehr gut, daher am besten unter Pflanzenschutznetzen anbauen und nur alle drei Jahre auf derselben Fläche kultivieren.

Dieser große und gut entwickelte Weißkohlkopf kann zu vielerlei Speisen verarbeitet werden.

HEILWIRKUNG

Die Heilkräfte des Kohls sind noch nicht lange bekannt, da das Gemüse oft zu Unrecht als einfaches Essen des kleinen Mannes bezeichnet wird. Die äußerliche Anwendung in Form von Kohlauflagen oder Kohlwickeln hilft bei entzündeten und eitrigen Wunden, die gereinigt werden, indem das Wundsekret und der Eiter durch die Auflage aus der Wunde befördert werden. Kohlauflagen sind auch ein effektives Mittel bei offenen Beinen, Gürtelrose, Röteln und Nagelbettentzündungen. Die Wundreinigung mit Kohlblättern ist sehr wirkungsvoll, aber für unsere Nase nicht gerade schmeichelhaft. Übelriechende Sekrete und Eiter sind jedoch die Hauptübeltäter bei schlecht heilenden Wunden und müssen diese nun mal verlassen, um eine Heilung zu ermöglichen.
Sehr wirkungsvoll und vielseitig ist die innerliche Anwendung des Weißkohls. Sauerkraut gilt als rundum gesundes Nahrungsmittel und hat unbestrittene Vorteile zur Darmsanierung, da es eine

Checkliste

HILFT BEI FOLGENDEN BESCHWERDEN:

ÄUSSERLICH:

- ☐ Geschwüren
- ☐ Wunden
- ☐ Entzündungen

INNERLICH:

- ☐ Magen- und Zwölffingerdarmgeschwüren
- ☐ Darmträgheit
- ☐ Ischias
- ☐ Rheuma
- ☐ Venenentzündung

gute Wachstumsgrundlage für nützliche Darmbakterien bildet. Der häufige Genuss von Kohl als Salat oder Sauerkraut soll auch bei Ekzemen, Ischias, Venenentzündungen und Rheuma helfen. In den 50er- und 60er-Jahren verbreitete sich eine Krankheit mit dem Namen Managerkrankheit. Sie setzte sich aus verschiedenen Krankheitsbildern zusammen wie Herz-Kreislauf-Problemen, Depressionen, Entzündungen des Dünn- und Dickdarmes sowie vor allem Magen- und Zwölffingerdarmgeschwüren. Es wurde festgestellt, dass sämtliche Magen- und Darmerkrankungen mit Hilfe der altbekannten Pflanze Weißkohl und dem daraus gewonnenen Saft erfolgreich behandelt werden konnten. Ein neues Vitamin mit dem Namen U (= Anti-Ulcus-Faktor) wurde entdeckt. Hierbei handelt es sich nicht um ein „echtes" Vitamin, sondern um das Enzym Methylmethionin. Bei einer Anti-Ulcus-Kur müssen vier bis fünf Wochen lang täglich ein Liter roher Kohlsaft getrunken werden. Eventuell auftretende Blähungen nach dem Genuss des unbeschreiblich gesunden Kohlgetränks verschwinden nach einer Tasse Kümmeltee.

KOHLWICKEL

Für einen Kohlwickel zunächst die Kohlblätter waschen und gut abtrocknen. Die dicke Mittelrippe entfernen, die Blätter mit einem Nudelholz flach walzen, sodass der Saft auszutreten beginnt und anschließend dachziegelartig auf ein sauberes Tuch legen. Die betreffende Körperstelle reinigen und die Blätter mit einem Tuch über der schmerzenden Stelle fixieren. Bei der Anwendung kann es am Anfang zu einer vorübergehenden Schmerzverschlimmerung kommen. Der Wickel sollte zweimal täglich erneuert werden. Nach der Anwendung die Kohlreste gut abwaschen und die betreffende Stelle einölen. Für Kohlwickel verwenden wir die Blätter des Weißkohls.

WEITERE KOHLARTEN

Die Kohlfamilie verfügt über eine enorme Anzahl an Mitgliedern, die ähnliche Inhaltsstoffe, wenn auch in unterschiedlicher Dosierung haben. Die jüngste Kohlvariante ist der Rosenkohl. Er ist

Die Blütenknospen des Brokkolis.

Rosenkohl mit langer Erntezeit

Palmkohl ziert Blumenbeete.

Kohlrabi schmeckt lecker als Rohkost.

Belgier und kam erst um 1800 nach Deutschland. Aufgrund seiner langen Erntezeit von Oktober bis Februar, wird er nur in den Wintermonaten gegessen. Eine weitere Variante ist der Blattkohl mit dem Grünkohl als bekanntestem Vertreter. Er sieht seinen wilden Vorfahren noch am ähnlichsten. Riesen-, Baum- und Palmkohl gehören ebenfalls zu den Winterkohlarten. Blattkohlarten werden im Juni oder Juli (nach Vorkultur) ausgepflanzt und können auch zur Gestaltung dekorativer Gemüsebeete herangezogen werden. Ein ebenfalls altbekannter Vertreter der Familie ist der Blumenkohl. Man vermutet, dass er von Kreta oder Zypern stammt und ab etwa 1490 die Teller Europas eroberte. Er ist in Farbe sowie Geschmack sehr vielfältig und mit großen und kleinen Köpfen in Weiß, Gelb, Rosa und Purpur erhältlich. Für den Anbau von Blumenkohl braucht man allerdings Geduld, denn von der Aussaat bis zur Ernte kann es 100 Tage oder länger dauern.

Kohlrabi ist eine Kohlform mit kurzem Stamm und einer verdickten Sprossknolle. Es gibt rote und weiße Sorten. Bevor man ihn als Salat oder Gemüse zubereitet muss die faserige Schale entfernt werden.

Ein besonderes Blütengemüse aus der Kohlfamilie ist der Brokkoli. Die Verwandtschaft mit dem Blumenkohl ist nicht zu übersehen, doch verfügt er über ein enormes Potenzial an Heilstoffen. Allen voran das Sulforaphan. Diesem Stoff wird eine stark krebshemmende und vorbeugende Wirkung nachgesagt, selbst bei ungeborenen Kindern. Darüber hinaus gibt es Erkenntnisse, dass nach dem Genuss von viel rohem oder kurz gegartem Brokkoli die Wirkung der Chemotherapie bei Bauchspeicheldrüsen- und Prostatakrebs verstärkt wird. Ganz besonders hoch dosiert kommt das Sulforaphan in Brokkolisprossen vor, sodass diese, wenn sie richtig (d. h. keimfrei) erzeugt wurden, als Arznei angesehen werden können. Weitere Inhaltsstoffe: Kalium, Calcium, Phosphor, Zink, Natrium sowie Vitamin B_1, B_2, B_6, E und C, Beta-Carotin (Provitamin A) und weitere Flavonoide. Brokkoli sollte möglichst schnell nach der Ernte gegessen werden, am besten roh oder nach einer kurzen Kochzeit von zehn bis 15 Minuten. Geerntet wird von Juni bis Oktober.

PAPRIKA UND CHILI
— *Capsicum annuum, C. frutescens*

Paprika und Chili sind aus unseren Gemüseregalen nicht mehr wegzudenken und wichtige Zutaten für eine Fülle von Rezepten von mild bis superscharf.

Wenn wir den Ursprung der Pflanzen erforschen wollten, müssten wir nach Mittel- und Südamerika. Das bedeutet, vor der Entdeckung dieser Länder durch Kolumbus waren Paprika und Chili bei uns völlig unbekannt.

KULTIVIERUNG UND VERWENDUNG

Anbau
Voranzucht aus Saatgut ab Februar bei mindestens 20 °C auf der Fensterbank, ab einer Größe von 8 cm vereinzeln; ab Mitte Mai an einer geschützten sonnigen Stelle ins Freie auspflanzen (Abstand 40 × 40 cm) oder weiter als Kübelpflanze kultivieren und bei Bedarf an Schnüren aufleiten; wärmebedürftig; bis zur Fruchtausbildung regelmäßig wässern

Ernte
Mitte Juli bis Oktober

Verwendete Pflanzenteile
die Schoten in unterschiedlichen Reifestadien grün-gelb bis rot

Inhaltsstoffe
Kalium, Zink, Carotin, Calcium, Vitamine A, B, C in rotem Paprika, Capsaicin, ätherische Öle, Anthocyane (dunkle Sorten)

Eigenschaften
durch Capsaicin hitze- und schmerzreizauslösend, durchblutungsfördernd, entzündungshemmend, immunkräftestärkend

Verwendungsmöglichkeiten
Gewürz, Gemüse, Salat, Rohkost, Umschlag, Wärmepflaster

Paprika *(Capsicum annuum)* ist reich an Flavonoiden mit herz-kreislauf-stärkender und antioxidativer Wirkung. In rotem Paprika befindet sich der höchste Anteil an Vitamin C, sodass der Genuss von frischem rotem Paprika als Salat oder Rohkost als echte Gesundheitsvorsorge zu bezeichnen ist.
Chili *(Capsicum frutescens)* ist in unseren Küchen heute als Gewürz weit verbreitet. Seine Schärfe beruht auf dem Inhaltsstoff Capsaicin. Dieser wird medizinisch zur Förderung einer starken Durchblutung genutzt, um Entzündungsstoffe abzutransportieren. Bereits die Ureinwohner Mittelamerikas verwendeten Chili gegen Arthrose, Rheuma, Hexenschuss oder Migräne.
Neuerdings gibt es weitere Erkenntnisse bezüglich Chili: Der Genuss führt bei Schärfefans zur Ausschüttung von Endorphinen, wir kennen sie auch unter dem Namen Glückshormone.
Bei der Kultur im eigenen Garten müssen wir einige grundsätzliche Voraussetzungen erfüllen. Paprika, Chili und Co. mögen es heiß, d. h., in kühlen Sommern wird die Ernte eher mager ausfallen. Daher lohnt es sich, Paprika im Frühbeet oder idealerweise im Gewächshaus zu kultivieren, wobei auf eine gute und häufige Lüftung zu achten ist, um Botrytis (Grauschimmelfäule) vorzubeugen.

WÄRMEPFLASTER

Chili enthält das durchblutungsfördernde, lokalanästhesierende und schmerzlindernde Capsaicin. Für ein Wärmepflaster ½ TL fein gemahlene Chilischoten mit 4 EL Olivenöl verrühren. Das Chiliöl auf ein ca. 10 × 20 cm großes Stück Ver-

01

02

bandmull oder Zellstoff (Küchentuch) streichen und mit mehreren Pflasterstreifen auf die schmerzende Stelle, z. B. den Rücken, kleben. Durch die Körperwärme wird die Pflasterauflage „aktiviert“ und es kommt zu einer heftig brennenden Rötung der Haut, sodass durch die örtlich begrenzte, starke Durchblutung die schmerzerregenden Stoffe abtransportiert werden können. Diese Behandlung sollte dreimal täglich durchgeführt werden. Nur auf intakter Haut anwenden!

CHILIÖL

Ein bis zwei aufgeschlitzte Chilischoten in eine ausreichend große Flasche geben und mit Olivenöl auffüllen. Nach einer Woche können wir mit dem stark verdauungsanregenden und aromatisch-scharfen Würzöl unsere Speisen verfeinern. Wichtig: bei allen Rezepturen mit Chilis unbedingt Einmalhandschuhe tragen!

03

Checkliste

HILFT BEI FOLGENDEN BESCHWERDEN:

- ☐ Herz-Kreislauf-Beschwerden
- ☐ Vitaminmangelerscheinungen
- ☐ Rheuma
- ☐ Arthrose
- ☐ Rückenbeschwerden (als Wärmepflaster)

01 Paprika und Chili sind wärmeliebende Pflanzen, die gerne im Gewächshaus gezogen werden.

02 Um gut ausgereifte Früchte bei Paprika ernten zu können, muss immer die erste Frucht an den Pflanzen, die sogenannte Königsfrucht, „geopfert“ werden.

03 Für den Ansatz von Chiliöl unbedingt die kleinen Kerne entfernen und Einweghandschuhe tragen. Wenn keine frischen Früchte vorhanden sind, dürfen auch getrocknete verwendet werden.

ENDIVIE, CHICORÉE UND RADICCHIO — *Cichorium endivia, C. intybus* var. *foliosum*

Für unseren Heilgarten sind besonders die sogenannten Bittersalate interessant. Bitterstoffe haben wir bitter nötig und dafür sind die schmackhaften Bittersalate auf ideale Weise geeignet.

KULTIVIERUNG UND VERWENDUNG

Anbau
Chicorée ab Mitte April bis Mitte Mai aussäen; Radicchio und Endivie ab Mitte Juni bis Ende Juli in lockere Böden in sonnigen Lagen

Ernte
Wurzelernte von Chicorée Anfang Oktober bis Anfang November, dann die Blätter auf 2 bis 3 cm zurückschneiden und zum Abtrocknen auf dem Beet liegen lassen; zum Treiben alle Wurzeln auf 20 cm Länge einkürzen und in einen mit Erde gefüllten Kübel setzen; mit einem Deckel schließen, sodass kein Licht an die Wurzeln gelangt, und bei etwa 15 bis 20 °C aufstellen; Ernte nach drei bis vier Wochen, wenn die Sprossen eine Länge von 15 cm erreicht haben. Radicchio und Endivie werden ab Mitte September geerntet.

Verwendete Pflanzenteile
Blätter, Pflanze als Kopf, gebleichte Triebe aus Wurzelstock

Inhaltsstoffe
Vitamine, Bitterstoffe, Gerbstoffe, Flavonoide, Chlorophyll, Intybin

Eigenschaften
beruhigend, schlaffördernd, schmerzlindernd, verdauungsfördernd, entgiftend, anregend, kräftigend durch Bitterstoffe

Verwendungsmöglichkeiten
Salat, Rohkost, Gemüse, Waschungen, Umschläge

Wir können sie nach vielfältigen Rezepten immer wieder neu auf den Tisch bringen und so für die Bitterstoffversorgung der Familie sorgen. Zu diesen Salaten gehören die Endivie *(Cichorium endivia)*, der Chicorée und Radicchio (*C. intybus* var. *foliosum*). Zichorien waren schon immer Pflanzen der Nordhalbkugel. Sie waren entsetzlich bitter und mussten erst eine lange Prozedur der Selektion von immer milderen Sorten durchmachen, bis wir sie in heutiger Qualität auf dem Teller vorfinden konnten.

Äußerst spannend war die Verwendung von Salat in vorchristlicher Zeit als Schlafmedizin. Der weiße Milchsaft mancher Salatsorten wurde eingedickt und als Opiumersatz angewendet – vielleicht sollten wir das auch mal ausprobieren und Salat als Abendessen bei Schlafstörungen einsetzen, besonders wenn diese von zu üppigen Spätmahlzeiten ausgelöst werden.

Da Salat zu den Blühpflanzen gehört, ist es wichtig, diesen vor dem Durchschießen zu ernten. Das kann bei zu warmen Tagen im Sommer ziemlich schnell geschehen. Wir merken es, wenn der Kopf zunächst hart und danach immer höher wird. Da Endiviensalat als Wintersalat und Chicorée als wintergetriebener Salat jedoch aus der Wurzel kultiviert wird, besteht bei beiden Variationen nicht die Gefahr des Erblühens.

In Chicorée befindet sich in großen Mengen ein Bitterstoff, der als Intybin bezeichnet wird. Es wirkt regulierend auf den Fettstoffwechsel und schützt die Gefäße, außerdem wirkt es entgiftend,

Endivien (links) sind vitaminreiche Herbstsalate.

Chicorée wird als Bleichgemüse verzehrt.

Radicchio dient oft als Mischsalat.

da die Ausleitung über die Niere angeregt wird. Wem diese Salate zu bitter sind, der kann sie vor der Zubereitung etwa 20 bis 30 Minuten in Wasser einweichen. Wir können solch einen bitterstoffhaltigen Salat aber auch mit milderen Blättern wie sie der Kopfsalat oder Feldsalat liefern „verdünnen", sodass wir nicht extra wässern müssen. Bei schlecht heilenden Wunden helfen Umschläge als Frischblätterauflage (zwei- bis dreimal täglich).

Checkliste

HILFT BEI FOLGENDEN BESCHWERDEN:

- ☐ Fettstoffwechselstörungen
- ☐ Magen-, Leber-, Gallenbeschwerden
- ☐ Hautproblemen
- ☐ Verdauungsstörungen
- ☐ Vitaminmangel

GARTENKÜRBIS — *Cucurbita pepo*

Von diesem Gemüse gibt es unzählige Sorten in allen Formen und Farben. Ähnlich wie beim Kohl müssen wir auch hier entscheiden, zu welchem Zweck wir unsere Kürbisernte verwenden möchten.

Die *Cucurbitaceae*, das ist der lateinische Name für Kürbisgewächse, sind eine riesige Pflanzenfamilie, der neben den Kürbissen auch Zucchini und Gurke angehören. Man schätzt sie auf ca. 800 verschiedene Familienmitglieder (= Arten) und unterteilt sie noch einmal in Sommer- und Wintersorten. Der französische Botaniker Antoine Nicolas Duchesne unterschied sie darüber hinaus noch in Früchte mit rundem Stiel *(Cucurbita maxima)*, das sind die Riesenkürbisse, und solche mit eckigem Stiel *(Cucurbita pepo)*, dabei handelt es sich um unsere Gemüse- oder Gartenkürbisse. Allen Gartenkürbissorten *(Cucurbita pepo)* ist eines gemeinsam: Sie brauchen Platz, Licht und Nährstoffe, um zu gedeihen. Das bedeutet für uns, das Beet für genau diese Anforderungen vorzubereiten. Gut gedüngter, lockerer Boden in der Sonne und ein beachtlicher Abstand zu den nächsten Pflanzennachbarn ist notwendig. Sind die Kürbispflanzen einmal gesetzt, müssen wir sie zusätzlich in ihrem Wachstum steuern und den Haupttrieb kappen.
Als Kürbisarznei verwenden wir das Fruchtfleisch, die Kürbiskerne und das Kürbiskernöl, wobei dafür besondere Gewinnungsmethoden notwendig sind. Das Öl besorgen wir uns deshalb besser in der Drogerie oder im Reformhaus. Die Kürbiskerne werden geschält und an der Luft getrocknet, bei einigen Arten kann man sie auch einfach so in der Pfanne rösten und im Salat oder der Suppe mitessen.
Inzwischen gibt es reine Kürbiskochbücher, die sich den vielfältigen Möglichkeiten für die Zubereitung des Kürbisfleisches widmen, doch auch die Urrezepturen wie Kürbissuppe oder -püree sind nach wie vor zu empfehlen. Besonders bei magenempfindlichen Menschen, in der Babynahrung und von werdenden Müttern mit Schwangerschaftserbrechen wird Kürbispüree gut vertragen. Es gibt auch Anhaltspunkte dafür, dass sich Zubereitungen mit Kürbisfleisch bei Menschen mit empfindlichen Nieren bewährt haben.

KULTIVIERUNG UND VERWENDUNG

Anbau
Jungpflanzenanzucht ab Mitte April auf der Fensterbank, Auspflanzung nach den Eisheiligen ca. Ende Mai in vorgedüngte Beete im Abstand von 1,50 × 2 m (Reihe/Pflanze) an sonnigen Standorten; regelmäßig wässern und vor Schnecken schützen; nach der vierten Nebenranke den Haupttrieb kappen, sodass maximal acht Früchte heranreifen können

Ernte
junge Früchte ab Juli, Lagerkürbisse nicht vor Mitte/Ende September; der Stielansatz sollte bereits trocken sein

Verwendete Pflanzenteile
ganze Frucht, Samen

Inhaltsstoffe
Cucurbitin, fettes Öl, ätherisches Öl, Eiweiß, Pektin, Vitamine, besonders Vitamin E, Selen, Carotinoide

Eigenschaften
magensäurebindend, vitaminhaltig, Unterstützung der Harnentleerung (Kerne), antioxidativ

Verwendungsmöglichkeiten
als Fruchtfleischmus, Gemüse, Kürbiskerne getrocknet (Kur bei Prostatabeschwerden), Kürbiskernöl

Einfach und lecker: Kürbis aus dem Backofen

Goldgelbes Kürbispüree als Beilage zu Fleisch

Gartenkürbisse benötigen ausreichend Platz.

Die Hauptheilwirkung des Kürbisses liegt in seinen Kernen verborgen. Blasenleiden, besonders die Reizblase und die Tonusschwäche bei gutartigen Prostataproblemen von Männern in gewissen Altersklassen, können mit 1 EL Kürbiskernen zwei- bis dreimal täglich sanft und wirksam behandelt werden. Sehr gut geeignet als Kur über einige Monate.

KÜRBISPÜREE

Einen mittelgroßen Kürbis in Würfel schneiden, in wenig Wasser bzw. in einer Auflaufform im Backofen garen, bis er sehr weich ist; ggf. in einem Sieb gut abtropfen lassen, damit das Kürbisfleisch so trocken wie möglich wird. Danach mit dem Mixer pürieren und gut ausdrücken, eventuell durch ein Tuch. Das Püree portionsweise mit einigen Tropfen Olivenöl verrühren und je nach Geschmack und Befinden gewürzt oder ungewürzt essen. Als Gewürz empfehle ich wenig Salz, etwas Ingwerpulver oder Curry; auch für die Diätküche geeignet! Reste lassen sich prima einfrieren.

KÜRBISGRATIN

Einen mittelgroßen Kürbis entkernen und in dicke Scheiben schneiden. Die Scheiben abwechselnd mit Tomatenscheiben ziegelartig in eine gebutterte Auflaufform schichten, mit Thymianblättchen bestreuen, mit etwas Meersalz würzen und mit einem Becher Sahne, in dem ein Ei verquirlt wurde, aufgießen. Mit Butterflöckchen belegen und im Backofen bei 180 °C ca. 30 Minuten backen.

Checkliste

HILFT BEI FOLGENDEN BESCHWERDEN:

- ☐ Blasenleiden
- ☐ Prostataproblemen
- ☐ Reizblase
- ☐ Magenempfindlichkeit
- ☐ Bettnässe

ARTISCHOCKE — *Cynara scolymus*

Die Artischocke ist ein Distelgewächs aus dem Mittelmeerraum, das an sonnigen, geschützten Standorten essbare Blütenköpfe hervorbringt und bei Verdauungsbeschwerden hilfreich ist. Mit ihren auffallenden Blättern ist die Pflanze auch im Wintergarten ein Blickfang.

KULTIVIERUNG UND VERWENDUNG

Anbau
im März auf der Fensterbank aussäen und etwa fünf bis acht Wochen später im Freien an einen sonnigen, warmen Ort pflanzen, eine Pflanze pro m^2; im Sommer Stickstoffdüngung und im Herbst Winterschutz aus Stroh geben; im darauffolgenden Frühling mit Kompost düngen und mulchen; die Gemüsepflanze wächst zweijährig und stirbt dann meist nach der Blüte im Oktober ab

Ernte
Mitte Juli des Folgejahres nach der Pflanzung; je nach Verwendung die Laubblätter vor dem Blütenansatz, die Hüllblätter der Blüten vor oder kurz nach dem Aufblühen (August bis Oktober), Blütenknospen vor dem Aufblühen

Verwendete Pflanzenteile
Blätter, Blütenknospen, Hüllblätter

Inhaltsstoffe
Bitterstoffe, Flavonoide, Cynaropikrin, Cynarosid

Eigenschaften
gallenflussfördernd, leberregenerierend, appetitanregend, tonisierend, antiemetisch, blähungswidrig, krampflösend, entzündungshemmend

Verwendungsmöglichkeiten
Blätter als Leberschutztee (1 EL getrocknete Laubblätter mit 150 ml kochendem Wasser überbrühen, fünf Minuten ziehen lassen und ungesüßt trinken) und Frischpflanzen-Presssaft; Hüllblätter und Blütenknospen als Gemüse

Die Artischocke *(Cynara scolymus)* galt schon immer als seltenes und kostbares Gemüse und war früher nur den Reichen und Adeligen vorbehalten. Sie schmeckt in Salzwasser mit frischer Zitrone gekocht und anschließend in eine Knoblauchmayonnaise gedippt am besten. Bei dieser Schlemmerei können wir die leberschützenden Inhaltsstoffe auf genussvolle Weise nutzen. Zu ihren Inhaltsstoffen zählen in erster Linie Bitterstoffe, Flavonoide und Gerbstoffe. Man verwendet für Heilzwecke überwiegend die Laubblätter der Blüten. Meistens jedoch, mit Ausnahme von Tee, wird die Artischocke als pharmazeutische Darreichungsform, z. B. als Frischpflanzen-Presssaft oder in Dragee-/Kap-

Blütenköpfe für Gourmets

Blütenköpfe kurz vor dem Aufblühen ernten.

Die Blätter können als Tee zubereitet werden.

selform, verabreicht. Für einen Leberschutztee werden die Laubblätter aus der grundständigen Rosette vor dem Blütenaustrieb verwendet (siehe Kasten Seite 52). Wir können also die kulinarischen und dekorativen Vorteile dieser Heilpflanze weiterhin genießen.

In einem Heilgarten pflanzt man die dekorative Artischocke als imposante Pflanze von bis zu 1,60 m Höhe in den Hintergrund in einen warmen, leichten, nährstoffreichen Boden mit gutem Wasserabzug, wo sie bei guter Pflege und Winterschutz aus Stroh drei bis vier Jahre lang beerntet werden kann. Im ersten Jahr müssen wir jedoch die im Herbst bereits angesetzten kleinen Erstblüten abschneiden, damit die Pflanze für die Haupternte im nächsten Jahr nicht geschwächt wird.

Checkliste

HILFT BEI FOLGENDEN BESCHWERDEN:

- ☐ Leberstörungen
- ☐ Lebervergiftungen
- ☐ Gallenfunktionsstörungen
- ☐ Verdauungsstörungen
- ☐ Völlegefühl
- ☐ Übelkeit
- ☐ erhöhten Blutfettwerten

ARTISCHOCKEN IN CHAMPAGNER

Zwei Artischockenknospen putzen, in Viertel schneiden und das Heu entfernen. Zusammen mit zwei Schalotten, drei Knoblauchzehen, zwei Zitronenscheiben und 6 EL Olivenöl in einen Schmortopf geben und bei schwacher Hitze zehn Minuten garen. Mit 100 ml Gemüse- oder Kalbsbrühe auffüllen (die Artischocken sollten bedeckt sein) und ca. 40 Minuten fertig garen. Danach mit ¼ l Champagner aufgießen, einmal aufwallen lassen, die Artischocken herausnehmen, in eine vorgewärmte Schüssel legen und mit der Champagnersoße und etwas Knoblauchmayonnaise sofort servieren. Als Aperitif empfehle ich einen Artischockenblättertee.

GARTENMÖHRE — *Daucus carota* ssp. *sativus*

Gartenmöhren gibt es in verschiedenen Formen und Farben. Die erste Form entstand durch eine Kreuzung der Wilden Möhre, die eine cremeweiße, faserige Wurzel von der Größe eines kleinen Fingers hat, mit der Riesenmöhre aus dem Mittelmeerraum.

KULTIVIERUNG UND VERWENDUNG

Anbau
Aussaat von Früh- und Sommermöhren ab Januar im Freien, wenn der Boden nicht mehr gefroren ist, im Abstand von 30 × 2 cm (Reihe/Pflanze), Saattiefe 1 bis 2,5 cm; am besten zusammen mit Radieschen aussäen, um die Reihen zu markieren, da Möhren lange zum Keimen benötigen; Lagermöhren erst ab Mitte Mai bis Juli aussäen; später in den Reihen auf einen Abstand von 2 × 30 cm; Reihe/Pflanze ausdünnen, damit die Pflänzchen genug Platz zum Wachsen haben; regelmäßig jäten und auf steinfreien Boden achten

Ernte
12 bis 15 Wochen nach der Aussaat, bis Oktober

Verwendete Pflanzenteile
Wurzel, Kraut, Früchte (Samen)

Inhaltsstoffe
Provitamin A (Beta-Carontin), Vitamine B_1, B_2 und C, Flavonoide, ätherische Öle

Eigenschaften
entwässernd, antioxidativ, gallenflussfördernd, entzündungshemmend

Verwendungsmöglichkeiten
die Wurzel als Salat, Gemüse, Suppe, Saft, Brei; das Kraut als Suppengrün oder äußerlich zur Wundbehandlung; die gerösteten Samen als Suppen- oder Salateinlage sowie als verdauungsförderndes Gewürz (Achtung: nicht für Schwangere!); das getrocknete Kraut, Samen oder Wurzeln auch als Tee mit kräftigender und beruhigender Wirkung

Zwerge lieben Möhren! Egal, ob es sich dabei um Menschenbabys, kleine Hasen, Kaninchen oder Fabelwesen in Form von Zwergen aus Märchenbüchern handelt. Ihnen allen tut die weißliche oder orangefarbene Rübe im Bäuchlein gut, denn Bauchweh oder Verdauungsstörungen sind gerade im Kindesalter häufig und können u. a. durch Madenwürmer verursacht werden.

Die Möhre (*Daucus carota* ssp. *sativus*) hilft roh oder gedünstet, als Möhrensaft oder Möhrensamen. Ebenso ist sie als Bestandteil des klassischen Suppengrüns als Eintopfzutat, Salat oder gekocht als Püree sehr beliebt.

Die Möhre versorgt uns durch ihren hohen Carotinoidgehalt (besonders Beta-Carotin) mit viel Provitamin A. Dieses wird aus Beta-Carotin gebildet, das besonders für Haut, Augen und unser Immunsystem wichtig ist.

Die am längsten bekannte Verwendung der Möhre als Heilpflanze war zur Entwurmung beim Befall von Madenwürmern. Gleichzeitig sagt man der Möhre eine luststeigernde Wirkung zu ehelichen Zwecken nach.

Das Wort Möhre, so vermutet man, stammt von der sogenannten Mohrenblüte ab – *mor* oder *maurus* bedeutet schwarz – denn eine dunkelpurpurfarbene, fast schwarze Mittelblüte der sonst weißen Dolde ist ein Bestimmungsmerkmal der Möhre. Oft wird diese besondere Blüte jedoch für ein Insekt gehalten. Die Wilde Möhre (*Daucus carota* ssp. *carota*) ist heute zwar wenig bekannt, aber sehr häufig an Wegrändern zu finden. Meistens erkennt man sie zur Zeit der Blüte an eben jenem schwarzen Mittelpunkt. Auch ihre Wurzel war schon immer ein wichtiges Nahrungsmittel

Möhren einen durchlässigen Boden geben.

Ein leckeres Möhrensüppchen für unterwegs

Hier sehen wir deutlich das Erkennungsmerkmal einer Möhrenblüte.

und wird genauso zubereitet wie die der Gartenmöhre. Ihr Aroma ist jedoch wesentlich intensiver, obwohl die Wurzeln im Vergleich zur Kulturmöhre sehr winzig sind. Wenn Sie aber einmal eine Suppe aus dieser aromatischen Wildpflanze gekocht haben, gehen Sie mit Sicherheit wieder auf die Suche nach diesem wilden Küchenschatz. Wenn wir Gartenmöhren anbauen, sollten wir eine Anbaupause von vier Jahren berücksichtigen. Erst nach dieser Zeit ist wieder eine Aussaat von Möhren, Pastinaken, Fenchel oder Petersilie möglich.

KALTE MÖHRENSUPPE

300 g junge Möhren waschen und putzen, eventuell klein schneiden und mit einer gewürfelten Schalotte in 500 ml Gemüsebrühe 15 Minuten garen. Danach pürieren, den Saft einer Orange dazugeben, mit Salz und rosa Pfeffer würzen und kalt stellen. Nach dem Erkalten die Suppe in tiefe Teller füllen, einen Klecks Sauerrahm daraufgeben und mit abgezupften, frischen Kerbelblättchen bestreut servieren.

Checkliste

HILFT BEI FOLGENDEN BESCHWERDEN:

- ☐ Ernährungsstörungen (Säuglinge, magenempfindliche Menschen)
- ☐ Vitamin-A-Mangel
- ☐ äußerlich bei Geschwüren
- ☐ trockener Haut

SENFRAUKE UND WILDE RAUKE
— *Eruca sativa, Diplotaxis tenuifolia*

Von Frühjahr bis September bietet die Rauke besonders kräftige und gehaltvolle Blätter, die immunstärkende und verdauungsfördernde Senföle sowie viel Kalium und weitere Vitamine und Mineralien enthalten.

Vor ca. 25 Jahren bekam ich von meinem damaligen Hausgärtner ein grünes Blattbündel zum Probieren überreicht. Er meinte auf meinen fragenden Blick hin, dass es sich hierbei um ein neues Salatkraut aus Italien handle und ich solle ihm dann von meiner Erfahrung damit berichten. Zu Hause angekommen habe ich in eines der Blätter gebissen. Der Geschmack war bitterlich, scharf, etwas nussig, und alles in allem wurde ich an Kresse erinnert. Das Kraut hatte den Namen Rukola, und so nach und nach bin ich dann dahintergekommen, dass es sich um eine Rauke handelte. Sie erhielt erst über zehn Jahre später Einzug in unsere Lebensmittelläden und auf Wochenmärkte.
Von der Rauke gibt es zwei Arten: die klassische milde, einjährige Senfrauke *(Eruca sativa)* sowie die ausdauernde, würzig-scharfe Wilde Rauke *(Diplotaxis tenuifolia)*. Letztere hat kleinere Blätter und einen intensiveren Geschmack, die meisten im Handel angebotenen Salate stammen von ihr. Die Senfrauke, auch Ölrauke genannt, wurde schon von den Germanen als Aphrodisiakum

KULTIVIERUNG UND VERWENDUNG

Anbau
Aussaat von Mai bis September ins Gartenbeet im Reihenabstand von 15 bis 20 cm etwa 1 cm tief. Der Boden sollte sandig-lehmig sein mit guter Wasserversorgung, sonst sehr anspruchslos; alle vier Jahre das Beet wechseln und für diesen Zeitraum keinen Rukuola sowie andere Kreuzblütler wie Kohl und Meerrettich anbauen

Ernte
die jungen Blätter vor der Blüte ca. 40 Tage nach der Aussaat; meist drei Blatternten pro Pflanze möglich

Verwendete Pflanzenteile
junge Blätter, Samen zur Ölgewinnung

Inhaltsstoffe
Senföle (Senfölglykoside), Bitterstoffe, hoher Jodgehalt, Beta-Carotin, Chlorophyll, Folsäure, Kalium, Minerale

Eigenschaften
entzündungshemmend, gegen vorzeitiges Altern, verdauungsfördernd, immunkräfteanregend, blutbildend, entwässernd

Verwendungsmöglichkeiten
Salate, Risotto, Suppen, Ragout, Pizza, Pesto, Smoothie

Rukola enthält viele Senföle.

Bis zu drei Blatternten sind pro Pflanze möglich.

Ein Rukola-Smoothie ist eine kleine Mahlzeit.

genutzt. Dafür wurde aus den Samen das Öl gewonnen. Im Gegensatz zu früher ist das Saatgut heute problemlos zu beschaffen. Während meiner ersten Bekanntschaft mit Rukola mussten die Samen mühselig aus Italien besorgt werden. Da die Ernte der Blätter im Frühstadium stattfindet, kommt man meistens nicht dazu, die Pflanze blühend zu sehen, um sie als solche zu erkennen. Dabei ist die Rauke auch sehr häufig in der freien Landschaft zu entdecken.

Im Fall Rukola fand die Verbreitung ausnahmsweise einmal von Norden nach Süden statt mit dem Ergebnis, dass sie dort fleißig gehegt und gepflegt wurde und bei uns in Vergessenheit geriet. Italien und der mediterranen Küche sei Dank, dass wir diese gesunde Rauke wieder in Salat, Risotto, Suppen, Ragout, Pizza und Pesto genießen können. Da sie geschmacklich eine eigenständige Persönlichkeit darstellt, wird sie meistens pur oder mit mildem Blattsalat aufgetischt. Die Blätter können nach der Ernte in feuchtem Küchenpapier oder einem aufgeblasenen Gefrierbeutel ins Gemüsefach im Kühlschrank gelegt werden, so bleiben sie länger knackig und frisch.

Wer nur wenig Platz zur Verfügung hat, kann die Salatpflanze auch einfach im Topfgarten pflegen.

RUKOLA-SMOOTHIE

Dazu geben wir eine große Banane, 60 g Rukola, eine Birne, eine Kiwi, eine halbe Avocado, zwei Äpfel und ¼ l Wasser in den Mixer und pürieren die Zutaten, bis sie cremig sind. Die Banane wird vorher geschält und in Stücke gebrochen, Äpfel und Birne geschnitten und vom Kerngehäuse befreit, aber nicht geschält. Die milden Früchte harmonisieren angenehm mit dem leicht würzigen Rukola und in weniger als zehn Minuten ist ein Gemüsetrunk entstanden, der hübsch mit einem Gurkenstreifen dekoriert werden kann.

Checkliste

HILFT BEI FOLGENDEN BESCHWERDEN:

- ☐ Entzündungen
- ☐ Zellalterung durch freie Radikale
- ☐ Mineralstoffmangel
- ☐ Vitaminmangelerkrankungen
- ☐ Schilddrüsenunterfunktion
- ☐ Verdauungsproblemen

TOMATE
— *Solanum lycopersicum*

Die Tomate ist ein wahres Kraftpaket, was die Vielzahl ihrer Inhaltsstoffe betrifft, und daher für unsere Gesundheit enorm wertvoll. Wenn wir sie in reifem Zustand zu uns nehmen, unterstützt sie uns in stressigen Phasen.

Obwohl die Tomaten schon lange in Mexiko und Südamerika angebaut wurden, kamen sie erst Mitte des 16. Jahrhunderts nach Europa, und zwar nach Italien. Dort wurden sie Goldapfel (Pomodore) genannt, denn die ersten europäischen Tomaten waren nicht nur rot, sondern auch gelb und weiß. Für die Franzosen war die Tomate der Liebesapfel (pomme d'amour).

Zeichnung in Hortus Romanus, 1772 bis 1793

Um 1900 kamen die Früchte auch nach Deutschland, wurden jedoch erst etwa 50 Jahre später in größerem Stil angebaut. Heute verzehrt jeder Deutsche im Schnitt 22 kg pro Jahr. Die süßen Früchte gelten als ausgesprochene Gesundheitsnahrung, da sie sehr vitaminreich sind und zudem viel Kalium enthalten. Außerdem enthalten vollreife Früchte Tyramin, das stimmungsaufhellend wirkt und hilfreich bei schlechter Laune ist.

Wenn wir eigene Tomaten im Garten kultivieren, achten wir beim Samenkauf auf Sorten mit gutem Ertrag, Widerstandsfähigkeit gegen Krankheiten wie die Kraut- und Braunfäule sowie guten Geschmack. Dieser wird jedoch auch durch den Anbau bedingt. Ideal sind etwa 2,5 Pflanzen je m^2 für eine optimale Pflanzenentwicklung. Bei der Ernte ist es hilfreich, zu wissen, dass die Tomaten am Ende eines Fruchtstandes weniger süß sind als die ersten, da sie schlechter mit Assimilaten versorgt werden. Zudem gilt: Je länger die Frucht an der Pflanze ausreifen kann, umso besser ist auch ihr Geschmack. Bewahren Sie Tomaten nach der Ernte bitte nicht im Kühlschrank auf, sondern lassen Sie die Früchte offen in einer Schale liegen, denn das beste Aroma haben sie bei Zimmertemperatur. Bei der optischen Qualität steht Ihnen ein breites Sortenspektrum zur Verfügung: von erbsengroß bis kilogrammschwer sowie flaschen-, eier-, birnen-, herz-, zylinder- oder kugelförmig. Die Farbpalette reicht von Cremefarben, Gelb, Hellrot, Dunkelrot bis Braunrot sowie Rosa und Violett. Die Haut kann glatt oder gefurcht sein.

Fleischtomate 'Noire de Crimée'

Abhärtung von Tomatenpflänzchen im Freien

Checkliste

HILFT BEI FOLGENDEN BESCHWERDEN:

- ☐ Vitaminmangel
- ☐ Mineralstoffmangel
- ☐ Stress
- ☐ Konzentrationsstörungen
- ☐ leichten Depressionen
- ☐ Erkrankungen des Nervensystems
- ☐ Zellalterung im Gehirn
- ☐ schlechter Laune

KULTIVIERUNG UND VERWENDUNG

Anbau

durch Aussaat der Samen ab Ende März (nicht früher, da die Pflanzen auch im Keimstadium schon sehr lichthungrig sind); auspflanzen ab Mitte Mai im Gartenbeet im Abstand von 100 × 100 cm (Reihe/Pflanze) oder im gut durchlüfteten Kleingewächshaus (75 × 40 cm); in durchlässige, humose Böden an einem sonnigen und warmen Standort; im Freien unbedingt auf einen Regenschutz achten und beim Einpflanzen Spiralstäbe mit in den Boden einschlagen, damit die befestigten Tomatentriebe daran hochwachsen können; regelmäßig ausgeizen (kleine Triebe in den Blattachseln entfernen), von unten gießen und Blätter nicht benetzen. Tomaten sind für Brennnessel- und Beinwelljauchen (siehe Seite 13) ab Juni alle drei bis vier Wochen gegeben dankbar, denn Sie gehören zu den Starkzehrern.

Ernte

reife Früchte ab Juni im Gewächshaus, ab Anfang August im Gartenbeet; durch sanftes Abknicken vom Stängel lösen; zum Transport und kurzzeitigen Lagern die Stängel entfernen, da diese die Fruchthaut beschädigen können; im Oktober die Pflanze aus der Erde ziehen und zum Nachreifen der Früchte kopfüber an einem dunklen, warmen Platz an einer Schnur aufhängen

Verwendete Pflanzenteile

reife Früchte (unreife Früchte enthalten das giftige Solanin)

Inhaltsstoffe

Wasser, Vitamin A, B_1, B_2, C, E, Niacin, Biotin, Folsäure, Calcium, Beta-Carotin, Kalium, Pantothensäure, viele Spurenelemente, in roten Früchten Lycopin sowie Flavonoide; in grünen Früchten und im Stielansatz Solanin

Eigenschaften

als Anti-Aging-Mittel zur Bindung freier Radikale, immunkräftestärkend, vitaminspendend, entzündungshemmend

Verwendungsmöglichkeiten

die Früchte als Gemüse, Salat, Saft, Soße oder auch in Scheiben getrocknet als Zutat für viele Küchenrezepte; Solanin ist hitzestabil und wird auch nicht durch Braten oder Kochen verringert, daher nur Produkte mit reifen Früchten verzehren

GARTENBOHNE & DICKE BOHNE — *Phaseolus vulgaris, Vicia faba*

Zur Gartenbohne zählt sowohl die Stangenbohne als auch die Buschbohne, die wegen ihres hohen Gehaltes an pflanzlichem Eiweiß geschätzt wird. Die Dicke Bohne gehört zu den Wicken und wurde 1999 zum Gemüse des Jahres gewählt.

KULTIVIERUNG UND VERWENDUNG

Anbau

Aussaat direkt ins Beet ab Februar (nur Dicke Bohnen), Gartenbohnen erst ab Mitte Mai, da sie kälteempfindlich sind; Stangenbohnen maximal 1,5 cm tief im Abstand von 40 × 100 cm legen (Reihe/Pflanze) mit etwa zwei bis vier Samen pro Stange, vorher Rankhilfen aufrichten; Buschbohnen im Abstand von 10 × 40 cm (Reihe/Pflanze) auslegen; junge Buschbohnen anhäufeln; vor Schnecken schützen

Ernte

ab Juli die jungen Schoten, im Herbst die ausgereiften Samen (ca. Oktober) und Bohnenschalen

Verwendete Pflanzenteile

Bohnenschalen/Hülsen, ganze Schoten für Gemüse, Samen

Inhaltsstoffe

Proteine (Eiweiß), Ballaststoffe, Saponine, Phytinsäure, Phytoöstrogene (Hormone); Giftstoffe in rohem Zustand: Phasin und Phaseolunatin

Eigenschaften

entzündungshemmend, harntreibend, stoffwechselregulierend, verdauungsfördernd

Verwendungsmöglichkeiten

als eiweißhaltiges Gemüse gekocht, als Salat, in Eintöpfen, als Gemüsebeilage zu Fleisch; Schalen als Bohnenhüllentee bei rheumatischen Beschwerden, zur Vorbeugung von Harnsteinen, bei Hautunreinheiten und Ekzemen
Achtung: Bohnen nicht roh verzehren!

Sowohl die Gartenbohnen *(Phaseolus vulgaris)* als auch die Dicken Bohnen *(Vicia faba)* gehören zur Familie der Hülsenfrüchte, die mit Hilfe von Knöllchenbakterien an den Wurzeln in der Lage sind, Stickstoff aus der Luft in den Wurzeln zu binden. Eine tolle Eigenschaft dieser Familie, denn somit brauchen wir sie im Garten kaum mit Nährstoffen zu versorgen.
Die ersten Bohnensamen gelangten etwa im 16. Jahrhundert von Mittelamerika nach Europa. In der Alten Welt waren es die Dicken Bohnen (auch Saubohnen, Pferdebohnen oder Puffbohnen genannt), die sowohl als Nahrungsmittel als auch für Opfergaben dienten. Bei den Römern waren mitgebrachte Saubohnen gar als Glücksbringer bei wichtigen Geschäften sowie im täglichen Leben sehr geschätzt. In den 12 Rauhnächten (vom 24. Dezember bis 5. Januar) durften nach altem Volksglauben keine Bohnen im Haus sein, weil sie als Lieblingsspeise von Dämonen galten. Die schwarzen Flecken auf den Blüten der Saubohne galten als Zeichen der Unterwelt, die zeigten, dass es sich

Bohnen vor dem Verzehr immer kochen.

bei der Pflanze um etwas Dämonisches handelte. So ganz unrecht hatten unsere Vorfahren damit nicht, denn die Bohnen enthalten in rohem Zustand tatsächlich die Giftstoffe Phasin und Phaseolunatin. Diese werden erst beim Kochen abgebaut. Empfindliche Menschen können beim Genuss von Bohnen mit Blähungen reagieren, hier sorgen aber Kräuter wie Kümmel, Fenchel oder Bohnenkraut in Teeform für Abhilfe.

Dennoch gehörten die eiweißreichen Kulturpflanzen schon in Urzeiten zusammen mit Getreide zu einem der wichtigsten Nahrungsmittel überhaupt. Bohnen werden als junges Gemüse im Ganzen mit der Schote gegessen oder die reifen Samen später als Bohneneintopf oder Brei zubereitet. Neben der Funktion als Eiweißspender in der Nahrung sind sie auch als Heilpflanzen bekannt. Hildegard von Bingen empfahl sie als Brühe bei Schmerzen in den Eingeweiden oder Bohnenmehl als Breiauflage bei Krämpfen, Krätze und Geschwüren. Eine weitere Anwendung war als harntreibendes Mittel bei rheumatischen Beschwerden. Dazu wurden und werden bis heute die Hülsen (Bohnenschalen) als Tee (für eine Tasse 2 EL getrocknete Bohnenschalen klein schneiden, kurz aufkochen und zehn Minuten ziehen lassen) empfohlen. Eine eingeschränkte Herz- und Nierenfunktion schließt diese Anwendung jedoch aus!

Je nachdem, wie groß unsere zur Verfügung stehende Fläche ist, können wir uns in unserem Heilgarten für die Stangenbohne oder die Buschbohne entscheiden. Die Stangenbohnen benötigen zwar weniger Fläche, brauchen aber ein Klettergerüst. Dafür müssen wir bei der Ernte keinen krummen Rücken machen. Stangenbohnen können auch als erntefähige Zierpflanze aufgrund ihrer verschiedenen Blütenfarben angebaut werden. Ein Bohnentipi ist hierbei gerade auch bei Kindern sehr beliebt. Dafür werden die Bohnenstangen (etwa 1,80 bis 2,40 m hoch) indianerzeltartig in einem Kreis fest in den Boden gesteckt und oben zusammengebunden; damit die Bohnen schön ranken können, befestigen wir zwischen den Stäben dünne Schnüre. Die Samen bei den Stangen in den Boden legen und gut mit Erde bedecken. Die Bohnen können danach von innen nach außen geerntet werden.

Pro Stange werden zwei bis vier Samen in die Erde gelegt.

Checkliste

HILFT BEI FOLGENDEN BESCHWERDEN:

- ☐ Blasen- und Nierenentzündung
- ☐ Hautproblemen
- ☐ Rheuma
- ☐ Bronchitis
- ☐ Verdauungsproblemen

RETTICH
— *Raphanus sativus*

Rettiche sind schnell wachsende, kältetolerante Gemüse, die ohne große Pflegeansprüche nahezu ganzjährig angebaut werden können und uns in der kalten Jahreszeit mit viel Vitamin C versorgen.

Den Rettich *(Raphanus sativus)* gibt es schon so lange in Mitteleuropa, dass man seine ursprüngliche Verbreitung gar nicht mehr außerhalb von Europa vermutet. Der etwas derbe Ausspruch der Altvorderen „Bleib im Land und friss Rettich" beschreibt klar und deutlich, wie man sich vor Krankheiten schützen kann. Der kernige Satz beinhaltet, dass man durch Rettich-Genuss die magenstärkende und desinfizierende Wirkung dieser Salatpflanze nutzen kann, die auch vor hiesigen Erkrankungen vorbeugend schützt.

Wie die Zwiebel gehörte auch der Rettich schon zur gesundheitserhaltenden Grundnahrung der Pyramidenbauern, eine Tatsache, die die jahrtausendealte Verwendung des Rettichs deutlich macht. Pfarrer Sebastian Kneipp bezeichnete den Rettich als Ausputzer für die unteren Regionen. Die Schärfe des Rettichs wird durch Senfölglykoside verursacht, wobei der Schärfegrad auch von der Rettichsorte sowie der Bewässerung während der Wachstumsphase beeinflusst wird. Je weniger also in den Sommermonaten gegossen wird, desto schärfer werden selbst relativ harmlose Rettichsorten.

KULTIVIERUNG UND VERWENDUNG

Anbau
frühe Sorten ab Ende April bis Ende Juli direkt ins Beet aussäen im Abstand von 30 × 10 cm (Reihe/Pflanze), Winterrettiche ab Ende Juni bis Anfang August; lockerer, tiefgründiger Boden und Anhäufeln notwendig; gut mit Wasser versorgen

Ernte
frühe Sorten nach 20 Tagen, spätere Sorten nach 55 Tagen

Verwendete Pflanzenteile
Knolle, Blätter

Inhaltsstoffe
viel Vitamin C, Kalium, Phosphor und Spurenelemente, Senfölglykoside, Chlorophyll (die Blätter)

Eigenschaften
antibakteriell, pilzhemmend, stoffwechselanregend, verdauungsfördernd, darmsanierend

Verwendungsmöglichkeiten
Wurzeln roh als Salat, Saft, Rohkost, für deftige Speisen oder Hustensaft; die Blätter als Salatzugabe, Suppe oder Smoothie

Frische Radieschen nur noch abwaschen und genießen.

Schwarzer Winterrettich für Hustensaft

Nach einigen Stunden ist der Hustensaft fertig.

Als Retticharznei ist bei uns in erster Linie der Schwarze Winterrettich in Gebrauch. Die Verdauung und der Stoffwechsel werden angeregt, darüber hinaus ist der Rettich auch noch ein hervorragender Vitamin-C-Lieferant. Zudem gibt es gerade in der heutigen Zeit eine zunehmende Gruppe von Menschen, die aufgrund ihrer Ernährungs- und Lebensgewohnheiten „steinreich“ sind – ich meine die Nieren-, Gallen- und Blasensteinanfälligen. Sie sollten sich häufiger dem Thema „Rettich in meiner Küche“ widmen, da dieser die entsprechenden Organe in ihrer Funktion unterstützt und zusätzlich die Darmflora verbessert – vielleicht gehört der Radi deswegen zu den Spezialitäten der Bayern, denn dort liebt man deftige Speisen. Kindern kann Rettich in Form von Radieschen-Mäusen nähergebracht werden, denn früh übt sich, wer gesund älter werden möchte.

Im Heilgarten ist der Anbau von Rettich problemlos, da er keine besonderen Ansprüche stellt – abgesehen von ausreichenden Wassergaben und tiefgründigen Böden bei langen Sorten – und zu den am schnellsten zu erntenden Pflanzen gehört. Runde Rettichsorten können sogar in Töpfen und Kübeln gezogen werden.

HUSTENSAFT

Um auf einfache Art einen Hustensaft zu erhalten, wird ein Schwarzer Winterrettich ausgehöhlt, mit einer Stricknadel oder einem Fleischspieß mehrmals durchstochen und mit braunem Kandis gefüllt. Den so gefüllten Rettich stellt man in oder auf ein Glas. Nach mehreren Stunden tritt ein angenehm schmeckender, bräunlicher Saft aus, der sich als guter Hustenlöser schon seit vielen Generationen bewährt hat. Der Schwarze Rettich lässt sich bis spät in den Herbst ernten und gut einlagern, sodass er gerade in der Husten- und Schnupfenzeit zur Verfügung steht.

Checkliste

HILFT BEI FOLGENDEN BESCHWERDEN:

- ☐ Erkältungskrankheiten
- ☐ Husten
- ☐ vorbeugend gegen Bildung von Gallen-, Blasen- und Nierensteinen
- ☐ Verdauungsproblemen

KARTOFFEL — *Solanum tuberosum*

Ich kenne kaum ein Gemüse, das in der Vielfalt der Verwendungsmöglichkeiten unsere geliebten Erdäpfel überbieten kann. Der Begriff Wohlfühlknolle ist sehr treffend, denn Kartoffeln machen warm und satt und helfen zudem bei Magenproblemen wegen Übersäuerung.

Wir können es uns heute nicht mehr vorstellen, dass die Kartoffel *(Solanum tuberosum)* einmal als seltene Zierpflanze in höchsten Kreisen für Bewunderung sorgte. Die Urkartoffeln kamen aller Wahrscheinlichkeit nach aus den Anden und von dort auf die Britischen Inseln sowie nach Spanien. Durch eine lange Akklimatisierungsphase wurden sie erst um 1800 zum Grundnahrungsmittel in Nordeuropa.
Mit Kartoffelrezepten ließen sich unzählige Seiten füllen, so vielseitig ist die Verwendung in der Küche heute. In allen grünen Pflanzenteilen befindet sich jedoch das giftige Solanin und da das Gift auch nicht durch Kochen zerstört wird, müssen grüne Stellen vor der Verarbeitung großzügig ausgeschnitten werden. Die grünen Stellen entstehen durch Lichteinwirkung während der Anbauphase (unzureichendes Anhäufeln) sowie unsachgemäße Lagerung.

Kartoffelgerichte tun nicht nur Leib und Seele gut, auch die Heilwirkung der Knolle ist nicht zu unterschätzen. Eine geriebene rohe Kartoffel spendet Gesicht und Dekolleté Feuchtigkeit und rohe Kartoffelscheiben auf die Augen gelegt, mildern Augenschwellungen und -entzündungen. Der rohe Saft von Kartoffeln bindet Magensäure und hilft daher bei Magenproblemen (Sodbrennen).

KARTOFFELWASSER

Nur wenige kennen die heilende und pflegende Wirkung von Kartoffelwasser, es macht die Haut zart und weich. Dazu taucht man aufgerissene und spröde Hände einfach in das warme Kartoffelkochwasser, bevor man es wegschüttet. Ein Kartoffel-Gesichtsdampfbad schenkt Linderung bei Stirnhöhlenvereiterung.

Kartoffeln vor dem Pflanzen im März vorkeimen lassen.

Die Kartoffelpflanzen werden angehäufelt.

Kartoffelwasser hilft bei Hauttrockenheit.

KARTOFFELWICKEL

Nicht zu vergessen: der altbewährte Kartoffelwickel zur Wärmebehandlung. Dafür werden vier ungeschälte Kartoffeln weich gekocht, in ein Küchentuch aus Baumwolle eingeschlagen und darin zu Brei zerdrückt. Den Wickel so lange auflegen, bis er abgekühlt ist. Kartoffelwickel wirken durchblutungsfördernd und wärmend, um Muskeln zu entspannen oder Husten zu lösen. Auch bei Halsschmerzen und Angina ist ein Kartoffelwickel sinnvoll.

Checkliste

HILFT BEI FOLGENDEN BESCHWERDEN:

- ☐ Magenschleimhautentzündung
- ☐ geschwollenen und entzündeten Augen
- ☐ trockener und rissiger Haut, besonders die Hände
- ☐ Stirnhöhlenvereiterung
- ☐ Verspannungen
- ☐ Husten
- ☐ Halsschmerzen

KULTIVIERUNG UND VERWENDUNG

Anbau
zum Vorkeimen die Knollen im März aus dem Lager holen (kühl und dunkel), auf einen Eierkarton o. Ä. legen und an einen zimmerwarmen, hellen Platz stellen; nach etwa drei bis vier Wochen im Abstand von 30 × 60 cm (Reihe/Pflanze) etwa 10 cm tief in den Boden legen und anhäufeln, d. h. Dämme bilden. Sobald sich die ersten Blätter zeigen, das Anhäufeln wiederholen. Regelmäßig auf Kartoffelkäfer und deren Eier kontrollieren und ggf. absammeln oder das Blatt entfernen; gegen Krautfäule Schachtelhalmbrühe ausbringen (siehe Seite 13); tiefgründige Böden wichtig. Kultivierung auch in Pflanzsäcken oder Kübeln mit mindestens 50 cm Durchmesser (mit Bodenlöchern!) möglich: Säcke zur Hälfte mit Substrat füllen, zwei bis drei Knollen hineinlegen, mit einer handbreiten Schicht Substrat bedecken und nochmals Erde zugeben, wenn die Kartoffeltriebe etwa 30 cm hoch sind. Dadurch wird ein ähnlicher Effekt wie mit dem Anhäufeln im Gartenbeet erzielt.

Ernte
die Knollen, wenn das Kartoffelgrün zu welken beginnt, etwa Juni bis Oktober; frühe Sorten sind nicht lange lagerfähig und müssen zügig verbraucht werden

Verwendete Pflanzenteile
Kartoffelknollen

Inhaltsstoffe
Vitamin C, Mineralien, Eiweiß, Kohlenhydrate, weitere Vitamine

Eigenschaften
entzündungshemmend, säurebindend, wundheilend, magensekretionshemmend, durchblutungsfördernd

Verwendungsmöglichkeiten
roh für Saft bei Magenproblemen wie Sodbrennen und als Auflagen zur Milderung von Augenschwellungen sowie als Feuchtigkeitsspender fürs Gesicht; Kartoffelwasser gegen Hauttrockenheit sowie als Gesichtsdampfbad bei Stirnhöhlenvereiterung; gekocht als Grundlage für vielerlei Kartoffelgerichte oder als Kartoffelwickel zur Muskelentspannung und bei Husten (die Kartoffeln können sehr heiß werden und die Hitze lange speichern, daher den Wickel unbedingt etwas abkühlen lassen)

SPINAT
— *Spinacia oleracea*

Wir schätzen den Spinat heutzutage als sehr gesundes Gemüse mit einem hohen Gehalt an Vitamin C und wertvollen bioaktiven Stoffen. Damit wir einen optimalen gesundheitlichen Nutzen daraus ziehen können, sollte Spinat roh verzehrt werden.

KULTIVIERUNG UND VERWENDUNG

Anbau
in nährstoffreichem Boden aussäen im Abstand von 20 × 25 cm (Reihe/Pflanze), 2 bis 3 cm tief und mit Erde bedecken; für die Frühlingsernte Ende Februar bis Mitte April, für die Sommerernte im April, für Herbst- und Winterernte Ende August bis Mitte September; eine Anbaupause von drei Jahren mit Spinat auf dem gleichen Beet ist wichtig, um Krankheiten vorzubeugen; sehr robuste, mehltautolerante Sorte ist 'Butterflay' für den Frühjahrs- und Herbstanbau sowie zur Überwinterung

Ernte
die jungen Blätter oder die ganze Pflanze (ohne Wurzeln) etwa sechs bis acht Wochen nach der Aussaat

Verwendete Pflanzenteile
junge Blätter

Inhaltsstoffe
Vitamin C, Carotinoid Lutein, Eisen, Chlorophyll, Bitterstoffe

Eigenschaften
vitamin- und eisenhaltig, vitalisierend durch Chlorophyll und andere bioaktive Stoffe, darmreinigend, muskelaufbauend, zellgenerierend

Verwendung
als vitaminreiches Gemüse mit kurzer Garzeit von maximal fünf Minuten; als Salatbestandteil (nur ganze junge Blätter) in Wildkräutersalaten; fein püriert dient Spinat auch als gesundes Färbemittel für Nudeln, Suppen und Pfannkuchen

Durch die Bitterstoffe in diesem Gemüse ist Spinat *(Spinacia oleracea)* bei Kleinkindern nicht besonders beliebt. Und das nicht zu Unrecht, denn Kinder nehmen diese wesentlich intensiver wahr als wir Erwachsene. Erinnern Sie sich noch an meine Ausführung bezüglich der Bitterstoffe am Anfang dieses Buches und die dort erwähnten empfindlichen Geschmacksknospen von Kindern? Manchmal sollte man dem natürlichen Instinkt von Kleinkindern mehr Beachtung schenken. Die Bitterkeit wird überwiegend durch Oxalsäure und Nitrat verursacht. Diese Inhaltsstoffe sind für Kleinkinder gefährlich, da sie sich in den Nieren ansammeln können und dann zu erheblichen Verdauungsstörungen führen.
Für uns Erwachsene gehört der Spinat aber zu den absolut gesunden Gemüsen, wenn er nicht, wie oft in alten Rezepten beschrieben, zu Tode gekocht wird. Bereits ein italienisches Kochbuch aus dem 14. Jahrhundert empfiehlt: in einem Topf ohne Wasser zusammenfallen lassen. Tatsächlich sollte Spinat nur maximal fünf Minuten gekocht oder am besten gleich roh verspeist werden. Der Spinat enthält viele Vitamine und Mineralstoffe, die den Muskelaufbau fördern („Spinat macht stark!"), die Muskelzellen nähren und die Zellfunktionen generell fördern. Sehr interessant ist die Tatsache, dass dabei Fett abgebaut wird! Durch die Anwesenheit von viel natürlichem Vitamin C können wir auch das vorhandene Eisen in der Spinatpflanze optimal aufnehmen, denn Vitamin C ist für eine natürliche Eisenresorption aus Nahrungsmitteln notwendig. Allerdings nur als Rohkost. Durch kurzes Kochen können wir jedoch den Oxalsäuregehalt reduzieren. Eine weite-

Spinat enthält wertvolle Bitterstoffe.

Grüner Spargel mit Spinat als Salat

re, sehr gesunde Besonderheit von Spinat ist der hohe Gehalt an Lutein, denn dieses schützt vor altersbedingten Augenkrankheiten.
Der Spinat wurde wahrscheinlich von den Arabern nach Spanien gebracht. Von dort aus kam er nach Italien und Nordeuropa. Spinat schmeckt als Gemüse, roh und auch als Salatzutat, auf der Pizza, als Suppe, zu Rührei, als Nudelfarbe, Pfannkuchen und nicht zu vergessen als wichtige Zutat von Maultaschen (Maulbronner Art). Die Spinaternte kann durch eine regelmäßige Nachsaat verlängert werden. Er lässt sich gut einfrieren, sodass wir auch für die erntefreien Zeiten Vorrat schaffen können. Dazu wird er am besten als Blattspinat kurz blanchiert und anschließend in kleinen Portionen eingefroren; er kann dadurch wieder in gewünschten Mengen entnommen werden.

Für den Anbau im Heilgarten muss eine Besonderheit des Spinats beachtet werden: Er ist eine Langtagpflanze, d. h. er blüht im Sommer und gleichzeitig verschwindet die Blattrosette. Demzufolge ist die Ernte der Blätter nur im Frühjahr oder Herbst möglich. Diese kulinarische Lücke kann Neuseeländerspinat schließen.

Checkliste

HILFT BEI FOLGENDEN BESCHWERDEN:

- ☐ Eisenmangel
- ☐ Vitamin-C-Mangel
- ☐ altersbedingten Augenkrankheiten

OBSTGARTEN

— *Pflanzen und ihre Heilwirkung*

OBST UND BEEREN PFLEGEN

Früchte gehören zu einem vielfältigen Pflanzenbestand in unserem Heilgarten. Neben Kulturobst mit aromatischen Sorten für den Hausgarten werden im folgenden Kapitel zudem Wildobstarten beschrieben, da in ihnen ein hoher Nutzen für unsere Gesundheit steckt.

Wildobstarten wie Schlehe, Wildrosen, Holunder u. a. haben noch ihre gesamte Kraft an Inhaltsstoffen, da sie züchterisch nicht oder nur kaum bearbeitet wurden. Zudem besitzen sie noch ihre ursprüngliche Robustheit gegenüber Krankheiten und Schädlingen. Der Übergang zum Kulturobst ist jedoch oft fließend. Wild- und Kulturfrüchte können deshalb nicht immer genau voneinander unterschieden werden, auch Nüsse zählen zum Wildobst. Mit dem Rückgang der Bauerngärten geriet auch die Nutzung von Wildobst in Vergessenheit, doch findet es langsam wieder seinen Weg zurück auf unsere Teller und in unsere Gärten. Dort bietet es zudem Kleintieren Nahrung und Unterschlupf.

Dabei ist zunächst wichtig, dass die Gehölze am ökologisch richtigen Platz stehen. Ob die Arten aus der heimischen Flora stammen oder ehemals eingeführt wurden, kann vernachlässigt werden. Viele Wildobstarten bieten in fast allen Jahreszeiten zudem einen zierenden Anblick im Garten. Blüten schmücken die Sträucher im Frühling, Beeren leuchten im Sommer und im Herbst zeigen einige Arten eine tolle Blattfärbung.

Der Vorteil etlicher Obstarten im Garten liegt zudem darin, dass es sich häufig um Bäume handelt, die uns bei unserer Gartenarbeit Schatten spenden können. Zum Kernobst zählen Äpfel, Birnen und Quitten sowie Aronien, Felsenbirnen, Ebereschen und Mispeln. Aufgrund seines stabilen Fruchtertrages und der langen Lagerfähigkeit ist der Apfel die wichtigste Obstart im Garten. Bei der Pflanzung ist darauf zu achten, dass die Gehölze nicht an einen Standort gepflanzt werden, an dem bereits zuvor Kernobst gestanden hat. Gleiches gilt für Kirschen, Pflaumen, Mirabellen, Pfirsiche und Aprikosen, die zum Steinobst zählen. Beerenobst wie Erdbeeren, Himbeeren, Brombeeren, Johannisbeeren, Stachelbeeren usw. lässt sich einfach im Garten integrieren, auch zwischen Gemüse findet sich ein Plätzchen für die Sträucher.

Für die Verwendung als Heilmedizin ist die Auswahl der Sorten wichtig. Man unterscheidet für den Frischverzehr Sorten für Marmeladen, zur Saftgewinnung oder ggf. für die Lagerung.

Die Berberitze (Berberis vulgaris) zählt zum Wildobst.

GEWÖHNLICHE BERBERITZE — *Berberis vulgaris*

Berberitzen begegnen uns häufig in Form geschnittener Heckenpflanzen. Um die sehr gesunden Berberitzenfrüchte ernten zu können, schneiden wir sie im Heilgarten erst im späten Winter zurück.

Für so manchen Haus- und Gartenbesitzer kann eine Begrenzungshecke zum Nachbarn nicht dornig genug sein. Die mit sehr wehrhaften Dornen dicht besetzte Berberitze *(Berberis vulgaris)* ist ein Paradebeispiel für solch eine Grenzpflanze. Außerdem lässt sie sich gut schneiden, wenn auch mühsam, da das ausgereifte Holz der Berberitze sehr hart ist (Handschuhe tragen). Aber dafür kommt auch keiner durch! Beim Schneiden der Zweige werden Sie einen intensiv gelben Farbton feststellen können. Dieser heißt Berberin und wurde früher zum Gelbfärben benutzt.
Im Mai erleuchtet unsere Begrenzungshecke in hellem Gelb und aus den Blüten entwickeln sich später rote bis dunkelrote, längliche, essbare Beeren. Diese können ab September geerntet werden und enthalten große Mengen an Vitamin C. Wir können daraus Saft, Gelee oder sogar Berberitzenwein, besser bekannt als Sauerdornwein, herstellen. Mit dem aus den Früchten gewonnenen Saft kann man entzündetes und blutendes Zahnfleisch einreiben, um dieses zu straffen und zu stärken. Die getrockneten Beeren schmecken gut im Müsli und Tee. In alten Kräuterbüchern werden auch Blätter, Rinde und Wurzeln als Tee gegen Hals- und Blasen-Entzündungen sowie in Leber-Galle-Tees bei Entzündungen der Bauchspeicheldrüse empfohlen. Aber Vorsicht, die Berberitze wirkt durch ihre leichten Giftstoffe reizend auf die Nieren und sollte daher nur noch als Fruchtspender angebaut werden.

Checkliste

HILFT BEI FOLGENDEN BESCHWERDEN:

- ☐ Durchfall
- ☐ Zahnfleischbluten
- ☐ Schwangerschaftserbrechen
- ☐ Entzündungen von Hals und Blase
- ☐ Leber-Gallen-Erkrankungen

KULTIVIERUNG UND VERWENDUNG

Anbau
junge Sträucher mit Ballen ganzjährig in kalkhaltigen Boden pflanzen, an einen sonnigen bis halbschattigen Platz; der Strauch wird bis zu 3 m hoch und breit, er ist außerordentlich anpassungsfähig und genügsam; Rückschnitt im späten Winter zur Formerhaltung

Ernte
Beeren ab September

Verwendete Pflanzenteile
Früchte

Inhaltsstoffe
Vitamin C, Pektin, Mineralien, Gerbstoffe, Alkaloide, Harz

Eigenschaften
harntreibend, antibakteriell, antimykotisch, galletreibend, zusammenziehend, verdauungsfördernd

Verwendungsmöglichkeiten
die Früchte frisch als Saft (bei Zahnfleischbluten und -entzündungen), Gelee, Wein; getrocknet als Zugabe in Tees, Müsli, Salaten

EINGRIFFELIGER WEISSDORN — *Crataegus monogyna*

Der Weißdorn ist ein sehr dekoratives und imposantes Herzmittel, das direkt vor der Haustür wächst. Im zeitigen Frühjahr ernten wir die ersten zarten Blätter für Salat, im Mai die duftenden Blüten und im Herbst erfreut uns der Weißdorn mit leuchtend roten, heilsamen Früchten.

Der Weißdorn *(Crataegus monogyna)* gehört wie die Berberitze zu den dornigen Gewächsen, die sich als Heckenpflanzung eignen. Es handelt sich hierbei um einen kleinen, langsam wachsenden Baum oder großen Strauch, der 2 bis 6 m hoch werden kann. Er ist meist breiter als hoch.

KULTIVIERUNG UND VERWENDUNG

Anbau
Containerware ganzjährig pflanzen; vermehrt sich auch selbst sehr schnell; kommt mit fast allen, nicht zu nährstoffarmen Böden auch im Halbschatten zurecht; extrem frosthart; Heckenrückschnitt im Juni möglich

Ernte
Blätter und Blüten (im Knospenstadium) von April bis Mai; Früchte ab September

Verwendete Pflanzenteile
Blätter, Blüten, Früchte

Inhaltsstoffe
Flavonoide, Vitexin, Glykoside, Gerbstoffe, Vitamin C

Eigenschaften
verdauungsfördernd, durchblutungsfördernd für Herzmuskel und Koronargefäße, ökonomisiert die Herzleistung
Achtung: bei Herzproblemen einen Arzt aufsuchen!

Verwendungsmöglichkeiten
Blüten und Blätter als Tee; Früchte in Wein einlegen

Wer den Weißdorn als Hecke zieht, kann diese im Sommer nach der Blüte (weiß in Schirmrispen von Mai bis Juni) in Form schneiden. Ein zu strenger Rückschnitt geht allerdings auf Kosten des Fruchtansatzes, und auf den haben wir es im Heilgarten abgesehen, denn die dunkelroten Steinfrüchte sind ein altbewährtes und sanftes Herzmittel.
Früher wurde der Weißdorn gepflanzt, damit er mit seinen Dornen die Heckensitzerin = Hagazussa (heute Hexe) aus dem Garten fernhielt. Mit einem Spazierstock aus Weißdornholz konnte man sich damals diese Unwesentreiberin aber auch außerhalb der Grundstücksgrenzen vom Leibe halten. Vor allem die „Herzdämonen" müssen bis heute den Weißdorn fürchten. Damit will ich auf die vorbeugende und unterstützende Wirkung des Weißdorns bei Herzproblemen hinaus, denn er ist ein sehr sanftes Mittel ohne Nebenwirkungen, das sich durch beste Verträglichkeit

Checkliste

HILFT BEI FOLGENDEN BESCHWERDEN:

- ☐ Herzinsuffizienz
- ☐ Herzrhythmusstörungen
- ☐ Arteriosklerose
- ☐ Herzkranzgefäßverengung (Angina pectoris)
- ☐ Altersherz – allgemein
- ☐ Herzdruck und Beklemmungsgefühlen

01

01 Weißdorn kann vorbeugend und unterstützend bei Herzproblemen helfen. Am besten wirken Fertigpräparate. Sie ersetzen aber nicht den Besuch beim Arzt und sollten nicht in Selbstdiagnose und -therapie angewendet werden.

02 Früchte des Weißdorns können als Schnaps angesetzt werden.

02

auszeichnet (bei Herzproblemen aber immer unbedingt einen Arzt aufsuchen). Bis auf den Geschmack, der ist wirklich gewöhnungsbedürftig! Darum empfehle ich, Weißdorntee immer mit Fenchel und Melisse zu verbessern. Die roten Weißdornfrüchte (klingt irgendwie widersprüchlich, ist aber so!) werden gerne als Wein angesetzt und schmecken dann auch besser.

Ein Weißdornstrauch ist im Heilgarten äußerst wertvoll und dient mit seinen cremeweißen Blüten sowie den roten Früchten außerdem als wichtige Futterpflanze für Insekten und Vögel. Zudem bieten die dichten und somit schwer zugänglichen Verzweigungen ideale Brutplätze. Daher sollten wir uns auch von ein paar Dornen nicht abhalten lassen, einen solchen Strauch zu pflanzen.

WALNUSS
— *Juglans regia*

Walnüsse haben eine positive Wirkung auf unsere Herzgesundheit, sind stärkend für unser Immunsystem und lindern Hautkrankheiten. Sie sind ein wichtiger Bestandteil einer gesunden Ernährung.

Die Walnuss *(Juglans regia)* ist seit jeher eine symbolträchtige Pflanze. Im antiken Griechenland war sie dem olympischen Gott Zeus geweiht und aufgrund ihrer Fruchtbarkeitseigenschaften als göttliche Kugel oder Eichel des Zeus bekannt. Bei den Galliern wurde sie als „Nux gallica" (gallische Nuss) bezeichnet – worauf ihr heutiger Name zurückzuführen ist – und von ihnen über Italien und Frankreich nach Deutschland eingeführt. In Zeiten, in denen Gewürze mit Gold aufgewogen wurden, dienten die gemahlenen Schalen auch als Pfefferersatz. Die Blätter der Walnuss wurden als Gegengift bei Vergiftungen aller Art sowie gegen Eingeweidewürmer eingesetzt und auf Wanderungen als Mittel gegen Wundlauf mitgeführt.

Der Verzehr von neun Nüsse pro Tag hilft bei Stress.

Die Walnuss ist ein sehr gutes Beispiel für die Lehre der Signatur einer Pflanze und deren Wirkung auf unsere Organe. Betrachten Sie einmal die zwei Walnusshälften eines Kerns unter dem Aspekt der Ähnlichkeit mit einem Gehirn und schon erkennen Sie, dass die Walnuss heilende Kräfte für unser Gehirn haben muss, was aufgrund der heute bekannten Inhaltsstoffe auch zutreffend ist. Walnüsse gehören zu den nährstoffreichsten Lebensmitteln, die wir kennen. Sie haben einen sehr hohen Anteil ungesättigter Fettsäuren und sind cholesterinfrei. Die Elastizität der Blutgefäße wird durch den Genuss von Walnüssen verbessert und 30 g Walnüsse täglich helfen gegen Herz-Kreislauf-Beschwerden. Neun Nüsse oder 1 TL Walnussöl schützen bei Stress vor zu hohem Blutdruck. Größere Mengen an Vitamin B_6 fördern unsere Konzentration und schützen uns vor Müdigkeit und Nervosität, ein hoher Zinkanteil stärkt unser Immunsystem. Ein gerbstoffhaltiger Walnussblätter-

Checkliste

HILFT BEI FOLGENDEN BESCHWERDEN:

- ☐ Konzentrationsschwäche
- ☐ Infektanfälligkeit
- ☐ Hautentzündungen
- ☐ übermäßiger Schweißabsonderung
- ☐ Magen-Darm-Erkrankungen, z. B. Durchfall
- ☐ Erkrankungen der Leber
- ☐ Erkrankungen des Zentralnervensystems
- ☐ Bluthochdruck
- ☐ Nervosität

Nusslikör aus grünen Früchten, Zimt und Kandis.

tee lässt uns nicht ins Schwitzen geraten und bei Hautkrankheiten nicht aus der Haut „fahren". Die Walnuss gehört als sehr gesunde Zutat ins Müsli, zu Salaten, in Backwaren sowie zur Ölgewinnung in die Ölmühle. Als Hausbaum in unseren Heilgarten gepflanzt, hält sie Insekten fern, sodass wir in ihrem Schatten gemütlich unsere anderen Gartenschätze verspeisen können, ohne gestört zu werden. Zudem wirkt die Ausscheidung von Stoffwechselprodukten hemmend auf jegliches Pflanzenwachstum in der Nachbarschaft. Daher sollte ein Walnussbaum nur gepflanzt werden, wenn ausreichend Platz im Garten vorhanden ist (wird 15 bis 20 m hoch und 8 bis 15 m breit). Ein Vorteil dieser sogenannten Allelopathie ist, dass wir die im Herbst fallenden Nüsse gleich sehen und somit unser Säcklein rasch gefüllt bekommen. Allerdings müssen wir bei einer Neupflanzung etwas Geduld mitbringen, denn ein Walnussbaum braucht fünf bis sieben Jahre, bis wir das erste Säcklein füllen können – aber dann immerhin für über 100 Jahre. Wir haben demzufolge sehr lange Zeit, gesund zu bleiben.

KULTIVIERUNG UND VERWENDUNG

Anbau
bei Containerware ganzjährige Pflanzung möglich, am besten im Frühjahr oder Herbst an einem sonnigen bis halbschattigen Standort in nährstoffreiche, tiefgründige Erde; alle drei Jahre im Herbst auslichten, sonst kein Schnitt notwendig; langsam wachsend

Ernte
Blätter im Sommer; grüne noch weiche Nüsse Mitte/Ende Juni; reife Nüsse ab September bis Oktober; Früchte täglich aufsammeln, säubern und rasch trocknen, da es sonst zu Schimmelbefall kommen kann; Früchte bilden sich erst nach vielen Jahren am Baum

Verwendete Pflanzenteile
grüne Früchte, Schalen, Blätter, Nüsse

Inhaltsstoffe
Fett, mehrfach ungesättigte Fettsäuren, Vitamine u. a. B-Gruppe, Polyphenole, Flavonoide, Phytosterole, Mineralien; Blätter: Gerbstoffe (hoher Anteil), Flavonoide, Pflanzensäuren, ätherische Öle, Mineralien

Eigenschaften
entzündungshemmend, schweißreduzierend, antiparasitär, zusammenziehend, blutreinigend, antibakteriell, blutdrucksenkend

Verwendungsmöglichkeiten
Nüsse pur, als Backzutat oder als Walnussöl bei Stress und Bluthochdruck (unerhitzt); aus den grünen Früchten einen Nusslikör ansetzen; die Blätter als Tee gegen entzündete Schleimhäute oder in Form von Kompressen bei Hautproblemen, ebenso als Duftsträuße gegen Insekten

BLÄTTERTEE

Für einen gerbstoffhaltigen Tee, z. B. gegen entzündete Schleimhäute (Magen/Darm) oder äußerlich für Umschläge, 2 TL geschnittene Walnussblätter mit ¼ l kaltem Wasser aufsetzen, zum Sieden bringen und drei bis fünf Minuten weiter auf dem Herd lassen. Danach abseihen. Der Tee kann auch als Kompresse, z. B. bei Akne, verwendet werden.

WACHOLDER
— *Juniperus communis*

Wacholder gehört zu den Zypressengewächsen und bringt bläulich bereifte Beerenzapfen hervor, die vielfältig in der Küche eingesetzt werden können und in der Gartenapotheke wichtige Begleiter sind.

KULTIVIERUNG UND VERWENDUNG

Anbau
als Containerpflanze ganzjährig an einen sonnigen Standort pflanzen; magere, trockene bis feuchte Böden; sehr frosthart und anpassungsfähig; langsam wachsend, kein Rückschnitt; männliche und weibliche Pflanze setzen

Ernte
Beerenzapfen reifen etwa zwei Jahre am Strauch; die Triebspitzen bzw. Nadeln im Frühjahr ernten

Verwendete Pflanzenteile
Beeren, Nadeln

Inhaltsstoffe
Gerbstoffe, Bitterstoffe, Harz, Mineralstoffe, ätherisches Öl, Gallussäure, Gerbsäure, Zink

Eigenschaften
harnfördernd, durchblutungsfördernd, antibakteriell, abwehrsteigernd, verdauungsfördernd, blutreinigend, belebend, immunkräftestärkend, stoffwechselanregend

Verwendungsmöglichkeiten
die zerstoßenen Beeren als Gewürz in der Küche, als Zutat für einen verdauungsfördernden und stark entwässernden Tee, für einen Schnapsansatz zum innerlichen und äußerlichen Gebrauch bei Durchblutungsstörungen und Muskelverspannungen; die Triebspitzen als Bestandteil von wassertreibenden Teemischungen, durchblutungsfördernden Bädern und Waschungen; Beeren und Triebspitzen als Tinktur; Achtung: Die stark entwässernde Wirkung von Wacholderbeeren entsteht durch eine Reizung der Niere. Dadurch ist eine Einnahme bei Nierenerkrankungen kontraindiziert!

Betrachten wir Name und Strauch, klingt Wacholder vereinfacht nach „Wach-Halter". Und das tut er auch in doppeltem Sinne. In seiner natürlichen Umgebung hält er als Solitärbaum oder -strauch „Wache" über die ihn umgebende Landschaft und sorgt zudem durch seine belebenden und durchblutungsfördernden Inhaltsstoffe für die eigene Wachsamkeit unsere Gesundheit betreffend. Nicht zuletzt, wenn wir seinen wehrhaften Nadelzweigen zu nahe kommen, denn dann sind wir in der Tat sehr schnell wieder wach.
Wacholder *(Juniperus communis)* gehört zu den sogenannten immergrünen Pflanzen, im Volksglauben wird er daher auch als Todausbäumchen benannt, der viele Krankheiten weg- und auf sich nimmt. In früheren Zeiten waren Pflanzen mit immergrünen Blättern ein Symbol für ewiges Leben. Darüber hinaus wurde der Wacholder für alle erdenklichen Krankheiten eingesetzt, sodass der Tod (fast!) keine Chance bekommen sollte. So dachte man jedenfalls.
Der Ruf als lebenserhaltender Baum kommt aus heutiger Sicht dadurch zustande, dass Wacholder die Immunkräfte stärkt, die Nierentätigkeit anregt und damit den Harn treibt und gegen Wasseransammlungen im Körper hilft. Er reinigt und entgiftet, was für ein langes und gesundes Leben nützlich ist. Er selbst kann immerhin bis zu 600 Jahre alt werden.
Da Wacholder nur noch selten in sogenannten Wacholderheiden vorkommt, steht er unter Naturschutz. Die Beeren dürfen jedoch gesammelt werden. Sie müssen aber mindestens ein bis zwei Jahre am Baum ausgereift sein, d. h., sich von grün nach dunkelviolett gefärbt haben, bevor wir sie ernten können. Ein Wacholder in unserem Ge-

sundheitsgarten fordert uns daher etwas Geduld ab, bis wir ihn beernten können – aber nach altem Glauben hat in diesem Jahr des Wartens der Tod Hausverbot!
Während wir auf die Beeren warten, können die Wacholderzweige und -triebspitzen zu Heilzwecken verwendet werden. Wir bereiten uns daraus ein Fußbad gegen kalte Füße oder inhalieren damit als Dampfbad gegen Bronchitis und fördern das Abhusten von zähem Bronchialschleim. Ein Wacholderbad wirkt stoffwechselanregend und hilft bei Muskelkater und Monatsbeschwerden.
Sollten die Beeren dann endlich erntereif sein, so sind sie in der Küche als verdauungsförderndes Gewürz für Schwerverdauliches herzlich willkommen. Sehr zu empfehlen ist ein alkoholischer Auszug der Wacholderbeeren für den innerlichen und äußerlichen Gebrauch. Wacholderschnaps ist stark durchblutungsfördernd und wärmt nach der Einnahme daher auch von innen. Äußerlich, als Einreibemittel angewendet, hilft er bei Muskelverspannungen. Bei der Verwendung von Wacholderbeeren sollten diese immer leicht angestoßen werden, da so das ätherische Öl, einer der Hauptwirkstoffe, sofort freigesetzt wird. Die zerkauten Beeren helfen gegen Infekte im Mund-Rachenraum und Mundgeruch. Mit dieser Anwendung können wir auch akute Verdauungsbeschwerden behandeln.
Der Wacholder ist ein sehr langsam wachsender Strauch oder säulenförmiger Busch, der bis zu 8 m hoch wird und sonnige Standorte benötigt, ansonsten ist er jedoch sehr anpassungsfähig. Die Blüten sind unscheinbar, das Holz wurde früher verwendet, um die Pest zu vertreiben. Auch heute findet es als Räucherspäne und Räuchergewürz noch häufige Anwendung.

TINKTUR GEGEN MAGENPROBLEME

Eine 1-l-Flasche mit Wacholderbeeren, Triebspitzen und kleinen Zweigen füllen und mit Wodka aufgießen. Den Ansatz zehn Tage im Hellen stehen lassen, einmal täglich schütteln und anschließend abfiltrieren. Bei Bedarf 1 bis 2 TL oder 20 bis 50 Tropfen anwenden.

Wacholderbeeren dienen als verdauungsfördernde Würze.

Checkliste

HILFT BEI FOLGENDEN BESCHWERDEN:

- ☐ Hauterkrankungen
- ☐ Gicht
- ☐ Rheuma
- ☐ Muskelschmerzen
- ☐ Ischias
- ☐ Verdauungsstörungen
- ☐ Ödemen
- ☐ Blähungen
- ☐ Erkältungen
- ☐ Durchblutungsstörungen
- ☐ Regelschmerzen
- ☐ kalten Füßen

APFEL
— *Malus domestica*

Nach meiner Erfahrung gibt es wohl kaum eine andere Frucht, die so bekannt und verbreitet ist wie der Apfel. Durch seine Inhaltsstoffe und seine große Sortenvielfalt ist der Apfel ein Powerpaket, das uns tatsächlich an 365 Tagen im Jahr zur Verfügung steht.

Der Apfel *(Malus domestica)* gehört zu den Rosengewächsen. Das verwandtschaftliche Verhältnis zu den Rosen können wir gut erkennen, wenn wir die Blüten (ungefüllt) nebeneinanderhalten. Schon die Römer kannten Dutzende von Apfelsorten und über die Jahrhunderte kamen Tausende von Sorten dazu, sodass man den Überblick verlor und versuchte, diese mühselig zu systematisieren. Weltweit gibt es heutzutage etwa 30.000 Apfelsorten davon etwa 2.000 in Deutschland. Das Angebot im Handel hat sich jedoch immer weiter reduziert. Neue Apfelsorten werden primär wegen ihrer Widerstandskraft gegen Krankheiten gezüchtet. Apfelsorten unterteilt man nach Tafeläpfeln für den Frischverzehr, Äpfeln zum Backen oder Äpfeln zur Most- und Musherstellung. Ein klassischer Backapfel ist der Boskoop. Manche Äpfel (Winteräpfel) müssen nach der Ernte mindestens zwei Monate gelagert werden; je später ein Apfel reif wird, desto besser lagerfähig ist er. Pflanzen Sie mindestens zwei Sorten an, um die Befruchtung zu gewährleisten.

Bei der Lagerung von Äpfeln müssen wir daran denken, dass die Früchte nachreifen und das Gas Ethylen freigesetzt wird, was bei in der Nähe gelagertem Obst schnell zur Überreife führen kann und es dadurch verdirbt. Deswegen sollten Äpfel immer separat gelagert werden, es sei denn, Sie möchten diese Reifeförderung noch gezielt für nicht ganz reife Birnen einsetzen.

Etwa 70 % der Vitamine stecken in der Schale des Apfels, daher ist es sinnvoll, diese mitzuessen und aromatische Sorten selbst im Garten anzubauen. Aufgrund vieler verschiedener Fruchtsäuren wird der Apfel auch als Zahnbürste der Natur bezeichnet. 30 Vitamine und Spurenelemente, 180 mg Kalium und weitere Mineralstoffe befinden sich in und unter der Schale. Diese ist bei konventionellen Anbaumethoden mit Pestizidrückständen belastet, durch gründliches Abwaschen mit heißem Wasser und anschließendem Trockenreiben

KULTIVIERUNG UND VERWENDUNG

Anbau
wurzelnackte Stämmchen im Frühling oder Herbst pflanzen, Containerware ganzjährig; mittelschwere, durchlässige Böden; sonniger Standort; Schnittmaßnahmen hängen von der Sorte, der Veredelungsunterlage und Erziehungsmethode (häufigste Form ist die Pyramide) ab

Ernte
Früchte von Juli bis Oktober; Blüten im Mai

Verwendete Pflanzenteile
Früchte, Schalen, Blüten

Inhaltsstoffe
Pektine, viele Vitamine, Fruchtsäuren, Fruktose, Enzyme, Glykoside, ätherisches Öl in den Blüten

Eigenschaften
stoffwechselanregend, harntreibend, Vitamin-C-Spender, blutreinigend, verdauungsregulierend

Verwendungsmöglichkeiten
Früchte in unzähligen Rezeptvarianten sowie als Heilmittel bei Durchfall; Blüten und Apfelschalen als Tee

Duftende Apfelblüte im Frühling …

… und getrocknete Apfelschalen für die Teezubereitung

können wir die Belastung jedoch halbieren. Doch bei Äpfeln aus dem eigenen Anbau wissen wir, was wir „schlucken". Sollten wir für manches Küchenrezept dennoch geschälte Äpfel benötigen, so können wir uns aus den Schalen immer noch einen köstlichen Apfeltee aufbrühen und auf diese Weise noch etwas für unsere Gesundheit tun.
Ein Hauptwirkstoff des Apfels ist das Pektin. Auch hiervon sitzt sehr viel in der Apfelschale. Pektin ist als Geliermittel z. B. für Fruchtgelees weitgehend bekannt, aber es hat noch eine besondere „Nebenwirkung": Es senkt den Cholesterinspiegel. Der Fruchtzucker des Apfels fördert die Konzentration und unser Blutzuckerspiegel bleibt nach dem Apfelgenuss konstant, sodass wir längere Zeit keinen Hunger verspüren und uns über so manchen „Durchhänger" im Tagesverlauf retten können. Apfelschalen enthalten zudem für unsere Verdauung wichtige Ballaststoffe und ein geriebener Apfel wird wieder vermehrt als Hausmittel gegen Durchfall, besonders bei Kindern, eingesetzt. Ein ungeschälter Apfel hilft sogar gegen Prüfungsstress und Nervosität, wenn wir in der Lage sind, ihn in Ruhe zu verspeisen. Sollte uns wegen Heiserkeit die Stimme versagen, hilft auch hier ein gebratener Apfel mit Honig eingenommen.

APFELSCHALENTEE

2 TL getrocknete Apfelschalen oder 4 TL frische Schalen in ¼ l Wasser kalt aufsetzen und auf Trinktemperatur erwärmen. Zehn Minuten ziehen lassen und regelmäßig davon trinken. Der Tee aktiviert die Nieren (Achtung! Nicht abends trinken), beruhigt die Nerven sowie die Verdauung, lindert rheumatische Beschwerden und liefert Vitamin C.

Checkliste

HILFT BEI FOLGENDEN BESCHWERDEN:

- ☐ Verdauungsproblemen
- ☐ Unterzuckerung
- ☐ Schlafstörungen
- ☐ Nieren- und Blasenleiden
- ☐ Gicht
- ☐ Rheuma
- ☐ Nervosität
- ☐ Heiserkeit
- ☐ vorbeugend gegen hohen Cholesterinwert

APRIKOSE
— *Prunus armeniaca*

Anspruchsvolle kleine Obstbäume mit hübscher Blüte, die ideal an sonnigen Hauswänden in Weinbaugebieten gepflegt werden können. Ihre Inhaltsstoffe stärken die Immunkräfte und lindern Hautprobleme.

KULTIVIERUNG UND VERWENDUNG

Anbau
als wurzelnacktes Bäumchen im Frühjahr oder als Topfware ganzjährig pflanzen (beste Pflanzzeit im Frühjahr oder Herbst); in nährstoffarmen, mäßig trockenen Boden an einem sehr sonnigen Standort (beispielsweise Mauer, Hauswand), ideal ist Weinbauklima, ansonsten spät blühende Sorten wählen; die bis zu 3 m hohen Obstbäume sind selbstfruchtbar, d. h., sie benötigen keine Bestäuberpflanzen; im Sommer nach der Ernte zurückschneiden, je nach Wuchs- und Erziehungsform; eine empfehlenswerte Sorte für den Hausgarten ist die 'Ungarische Beste'

Ernte
die Früchte vollreif ab Juli bis August

Verwendete Pflanzenteile
Früchte

Inhaltsstoffe
Vitamin A, Vitamine B_1, B_2 und C, Kalium, Calcium, Phosphor, Flavonoide, Amygdalin, Salicylsäure

Eigenschaften
antibakteriell, antikanzerogen, schmerzlindernd, entgiftend, entsäuernd, immunkräftestärkend

Verwendungsmöglichkeiten
die frischen Früchte roh oder zu Speisen und Backwerk verarbeitet, getrocknete Früchte für das ganze Jahr; Aprikosenfleisch als Umschlag für rosige Haut sowie gegen Schuppenflechte; als feuchtigkeitsspendende Gesichtsmaske (zwei vollreife Aprikosen zerdrücken und mit 2 EL Quark und 2 EL Honig 15 Minuten auflegen)

Je nach Erntezeit, Sorte und Standort variiert die Aprikose *(Prunus armeniaca)* in Größe und Farbe. Wichtige Anbaugebiete sind die Türkei, Italien und Spanien – daran erkennen wir bereits, dass wir für einen Aprikosenbaum in unserem Heilgarten ein sehr warmes Plätzchen bereithalten müssen. Die Überlegungen, die wir als Gärtner für die richtige Platzwahl anstellen müssen, können bei dem einen oder anderen unter uns durchaus zu Kopfschmerzen führen. Dem wirkt der Verzehr von ein bis zwei Aprikosen entgegen. Es ist eine in Zusammenhang mit Aprikosenfrüchten weniger bekannte Tatsache, dass sie ein Schmerzmittel, die Salicylsäure, enthalten. Als

Aprikosen wirken stärkend auf Haut und Haare.

Fruchtfleisch hilft äußerlich als Umschlag.

Aprikosenbäumchen gedeihen ideal im Weinbauklima.

chemische Substanz gewonnen, hilft sie gegen Schmerzen aller Art und ist in vielen pharmazeutischen Präparaten enthalten. Salicylhaltige Früchte können aber, ebenso wie Medikamente, allergische Reaktionen bei entsprechend konstituierten Menschen auslösen. Aus diesem Grund möchte ich denjenigen mit einer Schmerzmittelallergie oder Unverträglichkeit vor allzu viel Aprikosengenuss warnen.
Durch seine gesunden Inhaltsstoffe wirkt Aprikosenfruchtfleisch u. a. immunkräftestärkend und fördert rosige Haut sowie gesunde Haare. Für Menschen, die von Schuppenflechte geplagt werden, kann Aprikosenfruchtfleisch äußerlich als Umschlag aufgetragen Linderung verschaffen. Der Genuss von Aprikosen als innerliche Anwendung kann das Säure-Basen-Ungleichgewicht bei Stoffwechselkrankheiten wieder ins Lot bringen. Der Grund dafür liegt in ihrem hohen Vitamin-A-Gehalt.

TROCKENFRÜCHTE

Da Aprikosen kaum lager- und transportfähig sind, wir aber auf den Genuss auch aus gesundheitlichen Gründen nicht verzichten möchten, bietet es sich bei einer reichen Ernte an, die Früchte zu trocknen, um sie ganzjährig zur Verfügung zu haben. Hierzu verwenden wir vollreife, feste Früchte. Diese werden entkernt und in einzelne Spalten geschnitten. Nun haben wir mehrere Möglichkeiten, die Früchte zu trocknen. Eine Variante wäre, die Spalten auf ein Küchengarn zu fädeln, dabei dürfen sich die einzelnen Fruchtstücke nicht berühren. Diese Aprikosenschnur wird dann zum Trocknen an einem warmen Ort aufgehängt. Wir können die Fruchtstücke aber auch auf ein mit Backpapier belegtes Blech legen und dieses dann direkt auf der Heizung platzieren. Eine weitere Möglichkeit besteht darin, die Aprikosenspalten auf einem Backblech im Ofen bei leicht geöffneter Backofentür bei 75 °C zu trocknen. Das Ergebnis bei allen Methoden sollten gut getrocknete, aber noch elastische Fruchtstücke sein, die dann in einer gut schließenden Dose aufbewahrt werden können. Die getrockneten Früchte zeichnen sich durch einen hohen Vitamin- und Kaliumgehalt aus, da das verdünnende Wasser, wie es in der frischen Frucht noch vorhanden ist, jetzt fehlt.

Checkliste

HILFT BEI FOLGENDEN BESCHWERDEN:

- ☐ Haut- und Haarproblemen
- ☐ Kaliummangel
- ☐ Magenbeschwerden, z. B. Übersäuerung
- ☐ Kopfschmerzen
- ☐ Stoffwechselerkrankungen

SCHLEHE
— *Prunus spinosa*

Ein langsam wachsendes Wildobst mit hübschen weißen Blüten im April und blauen Beeren ab September, die in den Grippemonaten vorbeugend vor Infekten schützen.

Die 1 bis 3 m hohe, anpassungsfähige Schlehe *(Prunus spinosa)* ist im Garten als frei wachsende Hecke beliebt. In manchen Gegenden ist sie aufgrund ihrer sehr dunklen Rinde auch als Schwarzdorn bekannt. Die lateinische Bezeichnung *spinosa* bedeutet dornig und weist auf Zweige mit stechender Spitze hin. Bei der Namensgebung bezog man sich wahrscheinlich auf die schwarzblaue Farbe der Beeren, deren Ernte sich aber erst nach dem ersten Frost empfiehlt, da sie vorher extrem sauer und zusammenziehend schmecken. Bei meinen Kräuterführungen stelle ich den Schwarzdorn daher meist als „Anti-Aging-Mittel“ mit Sofortwirkung vor, denn er zieht alle Falten glatt.

Die Heilwirkung des Schlehenursaftes habe ich nach einer schwierigen Kaiserschnittgeburt selbst erlebt. Eine alte Hebamme gab mir den Rat, täglich zwei Schnapsgläschen von dem Saft zu trinken. Er schmeckt zwar ziemlich sauer, aber nicht unangenehm und man kommt tatsächlich wieder auf die Beine. Meine Lebensgeister kehrten danach rasch wieder zurück, sodass ich diese Kur

KULTIVIERUNG UND VERWENDUNG

Anbau
aus Stecklingen oder Wurzelsprossen im Sommer; bildet durch Ausläufer schnell dichte Hecken; sonniger Standort und humoser Boden empfehlenswert; Auslichtungsschnitt, um starken Ausbreitungsdrang einzuschränken

Ernte
die Früchte nach dem ersten Frost; die Blüten ab März

Verwendete Pflanzenteile
Früchte, Blüten (getrocknet)

Inhaltsstoffe
Gerbstoffe, Glykoside, viele Vitamine, Fruchtsäuren und Mineralstoffe in den Früchten

Eigenschaften
zusammenziehend, blutreinigend, immunkräftestärkend, harntreibend, stopfend, fiebersenkend, entzündungshemmend

Verwendungsmöglichkeiten
Früchte als Tee, Saft, Mus, Marmelade, Wein, Likör, Honigtrunk; getrocknete Blüten als Tee zur Blutreinigung, bei Hautkrankheiten und rheumatischen Beschwerden

Schlehen bilden schnell dichte Hecken.

aus eigener Erfahrung jedem geschwächten Menschen wärmstens empfehlen kann.
Die Zubereitungen als Schlehenwein oder Schlehen-Honig-Trank sind schon seit Jahrhunderten als „Medizin der armen Leute" bekannt, denn die Schlehe heizt ein – und zwar physisch und psychisch –, was im kalten Nordeuropa mit dunklen und ehemals strengen Wintern äußerst wichtig war. Die Früchte des Schlehdorns wirken auch heutzutage in den Grippemonaten noch vorbeugend gegen Infektionen. Der Stoffwechsel wird stark angeregt und sorgt somit für Hitze von innen, was wiederum auf eine intensive Immunkräftestärkung zurückzuführen ist.
Der Schlehdorn mit seinen unzähligen weißen Blüten gehört zu den ersten Frühlingsblühern (März/April) und ist in dieser Zeit schon von Weitem sichtbar, sodass er nach einem grauen und tristen Winter auch optisch für Frühlingsgefühle sorgt. Schmetterlingen dient er dann als wichtige Nektarquelle. Man sagte früher, wenn der Schlehdorn üppig blüht, gibt es besonders viele Kinder, eine Weisheit, die sich auf unsere heutige Zeit wohl nicht mehr übertragen lässt. Aber vielleicht sollten wir doch einmal darüber nachdenken – wer weiß! Am Anbau soll es bestimmt nicht scheitern, denn die Schlehe lässt sich gut vermehren, stellt keine besonderen Ansprüche an den Boden und ist anpassungsfähig, sodass unsere Dornenhecke sehr schnell geschlossen ist. Gegen ihren starken Ausbreitungsdrang hilft ein Auslichtungsschnitt.

SCHLEHENURSAFT

500 g Schlehenfrüchte, nach dem ersten Frost geerntet, heiß abwaschen, in eine Schüssel geben und mit einer Gabel mehrfach einstechen. Mit 1 l kochendem Wasser übergießen und über Nacht stehen lassen. Am nächsten Tag durch ein sauberes Baumwolltuch auspressen und die Flüssigkeit in einer Schüssel auffangen. Mit 20 ml Gin oder Wodka vermischt in sehr saubere, kleine Flaschen füllen und im Kühlschrank lagern. Bald verbrauchen, da der Saft nicht lange haltbar ist. Größere Mengen können problemlos portionsweise eingefroren werden.

Schlehen wirken vorbeugend gegen grippale Infekte.

Checkliste

HILFT BEI FOLGENDEN BESCHWERDEN:

- ☐ Schwächung nach Operationen und schweren Infekten
- ☐ Immunkräfteschwäche
- ☐ Schleimhautentzündungen
- ☐ Magen-Darm-Erkrankungen
- ☐ Hautproblemen
- ☐ rheumatischen Beschwerden

SCHWARZE JOHANNISBEERE — *Ribes nigrum*

Man unterscheidet zwischen Roten Johannisbeeren *(Ribes rubrum)* und Schwarzen Johannisbeeren *(Ribes nigrum)*. Die schwarzen Beeren enthalten fünfmal so viel Vitamin C wie die roten Vertreter und sind ideale Vitaminspender in unserem Obstgarten.

KULTIVIERUNG UND VERWENDUNG

Anbau
Topfpflanzen ganzjährig, beste Pflanzzeit ist jedoch im Frühling oder Herbst; in durchlässige Böden an sonnigen bis halbschattigen Standorten im Pflanzenabstand von 1,40 m; der Strauch sollte acht bis 12 starke Triebe haben; ab dem dritten Standjahr im Winter die drei ältesten Triebe bodeneben zurückschneiden und durch drei junge, starke Bodentriebe ersetzen, die übrigen jungen Bodentriebe ebenfalls bodeneben zurückschneiden; eine empfehlenswerte robuste Sorte ist 'Ometa'

Ernte
Blüten im Mai, Blätter vor der Blüte, reife Beeren im Juli/August

Verwendete Pflanzenteile
Blüten, Blätter, Früchte

Inhaltsstoffe
Glykoside, Gerbstoffe, Vitamin C, Kohlenhydrate, Proteine, Flavonoide, Vitamin B, Pektin, Anthocyane, Mineralstoffe

Eigenschaften
vitalisierend, entzündungshemmend, immunkräftestärkend, entgiftend, harntreibend, entwässernd

Verwendungsmöglichkeiten
die Blätter werden mit den Blüten zu Tee gemischt gegen Blasenentzündungen; die Früchte als Tee, Sirup, Saft (Halsschmerzen, Heiserkeit, vorbeugend gegen Erkältungen), Likör, Rohkost, Gelee, Marmelade oder äußerlich als feuchtigkeitsspendende Gesichtsmaske

Zudem sind weiße und rosafarbene Johannisbeeren im Handel erhältlich (z. B. 'Weiße Versailler' und 'Rosa Sport' mit Reifezeit im Juli), dies sind beides Zuchtformen der Roten Johannisbeere. Die Blätter der Roten und Schwarzen Johannisbeere lassen sich ganz einfach am Geruch unterscheiden, indem man sie zwischen den Händen reibt, denn die Blätter von *Ribes rubrum* sind im Gegensatz zu *Ribes nigrum* geruchlos. Die schwarz-violette Färbung der Beeren liegt im hohen Anthocyan-Gehalt in der Schale begründet. Für mich gehörte die Schwarze Johannisbeere lange Zeit zu den ungeliebten Obstsorten. Den

Die Blätter der Roten Johannisbeere sind geruchlos.

Die Schalen weisen hohe Anthocyan-Gehalte auf.

Gut gegen Heiserkeit und Erkältungen

berühmten Cassis, einen Magenlikör aus Frankreich, habe ich zwar als Aperitif genossen, aber mittlerweile sind es tatsächlich die frischen, schwarzen Beeren, deren Geschmack und Wirkung es mir angetan haben. Nach intensiver Beschäftigung mit diesem Obst bin ich meiner geschmacklichen Veränderung auf den Grund gekommen: Die Schwarze Johannisbeere tut mit ihren stärkenden und belebenden Inhaltsstoffen in den Wechseljahren einfach gut! Man sollte also unbedingt auf seinen Körper hören – und das in mehrfacher Hinsicht. So habe ich auch die Erklärung dafür gefunden, warum ich eine Schwäche für eisenhaltige, dunkle Obstsorten und Gemüse habe: Die schwarze Farbe wird durch Anthocyanglykoside verursacht, die chemisch in enger Verbindung zu den von mir geliebten Flavonoiden stehen. Vielleicht geht es Ihnen ähnlich.
Schwarze Johannisbeeren wirken belebend und stärkend, auch äußerlich als feuchtigkeitsspendende Maske. Der Saft ist gut gegen Halsschmerzen, Heiserkeit und angehende Erkältungen, die Blätter können in einer harntreibenden Blasen-Nieren-Teemischung gute Dienste leisten.

ERKÄLTUNGSDRINK

250 g Schwarze Johannisbeeren in 150 ml Wasser kurz aufkochen und durch ein feines Sieb passieren. Wer es gerne würzig mag, gibt noch eine Stange Zimt dazu und kocht sie mit auf. Der naturtrübe Saft kann nach Belieben, mit etwas Honig oder Traubensaft gesüßt, kalt oder warm getrunken werden. Wer möchte, kann dieses Saftkonzentrat auch mit heißem Wasser verdünnen.

Checkliste

HILFT BEI FOLGENDEN BESCHWERDEN:

- ☐ Rheuma
- ☐ Gicht
- ☐ Wechseljahresbeschwerden
- ☐ Leberproblemen
- ☐ Arteriosklerose
- ☐ Blasenentzündung
- ☐ Entzündungen im Rachenraum
- ☐ Erkältungskrankheiten

HUNDS-ROSE
— *Rosa canina*

Die Hunds-Rose ist in Europa die am meisten verbreitete heimische Wildrose. Im Juni erscheinen weiße bis rosafarbene Schalenblüten, ab September scharlachrote Hagebutten mit hohem Vitamin-C-Gehalt.

KULTIVIERUNG UND VERWENDUNG

Anbau

Topfpflanzen ganzjährig auspflanzen; die Vermehrung ist am einfachsten über das Abtrennen der Wurzelausläufer im Herbst oder Frühjahr; oder im November ca. 20 cm lange Steckhölzer schneiden (von den einjährigen Trieben), über Winter frostfrei in Sand lagern und im Frühjahr einpflanzen, zuvor unterhalb des letzten unteren Auges anschneiden; sonnige Standorte mit durchlässigen, tiefgründigen, nährstoffreichen Böden wählen; allgemein sehr anspruchslos und robust gegen Krankheiten; absolut frosthart und hitzeresistent

Ernte

Blüten im Juni; Hagebutten mit Samen/Kernen ab September, wenn sie noch hart, aber reif (rot) sind

Verwendete Pflanzenteile

Blüten, Früchte, Samen/Kerne

Inhaltsstoffe

Vitamin C, ätherisches Öl, Carotine, Zucker, Pektin, Gerbstoffe, Vitamin-B-Komplex, Mineralien, Fruchtsäuren

Eigenschaften

zusammenziehend, entzündungshemmend, zellgenerierend, harntreibend, blutzuckersenkend, immunkräftestärkend

Verwendungsmöglichkeiten

die Blüten und Früchte für Tee (vorbeugend gegen Erkältungskrankheiten, bei Frühjahrsmüdigkeit sowie zur Stärkung des Immunsystems), Marmelade, Sirup, Wein und Süßspeisen; Kerne als Tee bei Nierenbeschwerden

Sie ist eine robuste, schnell wachsende Rose, die sich ideal für Blütenhecken, aber auch als Solitär eignet. Ihre deutsche Bezeichnung beruht darauf, dass sie in Mitteleuropa nahezu überall verbreitet ist. Manche Quellen vermuten ihre Namensgebung darin, dass sie wirksam gegen Bisse tollwütiger Hunde gewesen sein soll, denn der lateinische Name *canina* leitet sich vom griechischen Wort *kynosbatos* (*kynos* = hund; *batos* = Strauch) ab.
So mancher Erwachsene erinnert sich noch daran, dass eine zerdrückte Hagebutte ein vorzügliches Juckpulver ergab. Schuld daran sind die „Haare" in dieser Frucht, weshalb es auch ratsam ist, für einen Hagebuttentee die Frucht aufzuschneiden und die Haare feinsäuberlich auszukratzen, um eine Reizung im Hals-Rachenraum zu verhindern. Auf diese Weise kommen wir auch an die heilsamen Kerne der Pflanze.
In meinem ersten Kräutergarten habe ich der Hunds-Rose den Platz in der Mitte als Solitär zugeteilt und sie hat sich mit üppigem Wuchs sowie zahlreichen Blüten und Früchten dafür bedankt. Im Gegensatz zu den Zuchtrosen interessieren uns

Checkliste

HILFT BEI FOLGENDEN BESCHWERDEN:

- ☐ geschwächtem Immunsystem
- ☐ Erkältungskrankheiten
- ☐ Nierenproblemen
- ☐ Durchfall
- ☐ Zahnfleischbluten
- ☐ Frühjahrsmüdigkeit

Hunds-Rose mit Blüte und Früchten

bei den Wildrosen in erster Linie die vitamin-C-haltigen Früchte, also die Hagebutten. Eine Tasse Hagebuttentee ist ideal, um an ungemütlichen Tagen im Herbst und Winter den damit einhergehenden Erkältungskrankheiten entgegenzuwirken. Der hohe Vitamin-C-Gehalt bleibt auch in der Zubereitung als Tee weitestgehend erhalten, sodass wir damit eine wirksame Stärkung des Immunsystems erreichen und Krankheiten wie Erkältungen vorbeugen können. Im Frühjahr hilft der Tee gegen die Müdigkeit mit gleichem Namen. Bei Fiebererkrankungen können wir den erhöhten Bedarf an Flüssigkeit und Vitamin C ebenfalls mit Hagebuttentee decken (für eine Tasse Tee 1 gehäuften TL Hagebuttenschalen mit kochendem Wasser übergießen und zehn Minuten ziehen lassen). Die Hagebuttenkerne werden unter dem Begriff Kernlestee als harntreibender Tee bei Nierenbeschwerden mit Bildung von Nierengries, der Vorstufe von Nierensteinen, verwendet.

HAGEBUTTEN MIT ZIMT

50 g getrocknete Hagebutten (nur Schalen) und 150 g getrocknete Aprikosen in 3 EL Rosenwasser eine halbe Stunde ziehen lassen. Ein Päckchen Vanillezucker und 1 EL Zucker mit etwas Butter in einer Pfanne leicht erhitzen. Die abgetropften Früchte in die Pfanne geben, kurz ziehen lassen, 1 TL Zimt darüberstreuen und mit 3 EL Cointreau verrühren, weitere fünf Minuten ziehen lassen. Löffelweise Süßspeisen damit verfeinern.

Herbstessigansatz mit Hagebuttenfrüchten

Wildrosenblüten für Teemischungen

BROMBEERE
— *Rubus* sect. *Rubus*

Kulturbrombeeren gibt es mit oder ohne Stacheln, sie werden an einem Rankgerüst gezogen und besitzen nicht mehr einen so großen Ausbreitungsdrang wie ihre wild wachsenden Vertreter. Ihre vielen Ballaststoffe aktivieren unsere Verdauung.

Robuste, stachellose Brombeerensorte 'Loch Ness'

Checkliste

HILFT BEI FOLGENDEN BESCHWERDEN:

- ☐ Zahnfleischbluten
- ☐ erschlaffter Haut wie Schleimhaut, Bindegewebe, Gefäßwände
- ☐ starker Monatsblutung
- ☐ Durchfall
- ☐ Verstopfung
- ☐ Entzündungen im Mund-Rachenraum
- ☐ Infekten wie Erkältungen, Halsschmerzen, Husten, Heiserkeit

Im Volksglauben stehen die Brombeeren unter dem Verdacht, träumerische, weiche und sich aufopfernde Frauen zu Kratzbürsten (Kratzbeeren) ausarten zu lassen, denn sie schenken neue Kraftvorräte, wenn diese allzu sehr vergeudet wurden. Man sagt zudem, dass die Brombeeren in den Frauentagen zwischen dem 15. August und dem 8. September besonders wirksam seien, gegen alles, was erschlafft ist: Schleimhäute, Wackelzähne, Zahnfleisch, Gewebe, Blutgefäße sowie eine geweitete Gebärmutter nach der Geburt. Der große Frauentag „Mariä Himmelfahrt" ist der 15.August, der kleine Frauentag „Mariä Geburt" am 8. September. In den Brombeerfrüchten befinden sich in diesem Zeitraum die meisten Wirkstoffe in hoher Konzentration und wurden damals üblicherweise von den Frauen gesammelt. Ich erinnere mich daran, wie ich bereits als kleines Mädchen in den Sommerferien, im August, mit meiner Großtante unterwegs war, um Brombeeren zu pflücken. Nur der wirklich leckere Geschmack dieser Früchte in diesen Tagen hielt mich davon ab, ins Schwimmbad zu verschwinden. Die Brombeeren gehören, wie Sie sich bestimmt schon denken können, bis auf den heutigen Tag zu meinen Lieblingen, denn sie sind in der Vollreife dunkelviolett bis schwarz und süß – und ich kenne inzwischen jetzt auch ihre wertvollen Inhaltsstoffe.

Brombeeren werden gerne frisch verzehrt, da sie sich im Gegensatz zu den Blättern nicht trocknen lassen. Außerdem sind sie aufgrund ihrer Druckempfindlichkeit schlecht zu lagern. Wir können die Früchte allerdings gut einfrieren, indem wir sie einzeln auf eine Platte oder einen Teller setzen

und sie darauf über Nacht in die Gefriertruhe geben. Am nächsten Tag lassen sie sich tiefgefroren für die weitere Lagerung in Tiefkühlbeutel packen. So sind sie jederzeit in kleinen Portionen zu entnehmen.
Für die Zahnfleisch-, Haut-, Schleimhaut- und Bindegewebestraffung können wir den eingekochten Saft das ganze Jahr über verwenden. Eine leckere Brombeermedizin ist die Marmelade.

BROMBEERMARMELADE OHNE ZUCKER

Eine Tasse frische Brombeeren mit 2 bis 3 EL Honig zu einem Brei verrühren oder pürieren und für den Sofortverbrauch verwenden.
Die gekochte Variante ist ein bis zwei Wochen im Kühlschrank haltbar. Dafür dieselbe Menge Früchte mit einem halben klein geschnittenen, ungeschälten Apfel und zwei Datteln fünf bis 15 Minuten mit wenig Wasser kurz aufkochen und anschließend pürieren; kann auch eingefroren werden.

Frisch gekochte leckere Brombeermarmelade

KULTIVIERUNG UND VERWENDUNG

Anbau
Containerpflanzen im Frühjahr oder Herbst in nährstoffreiche, gut gewässerte Böden pflanzen, an einem sonnigen bis halbschattigen Standort; im Handel gibt es schwach- und starkwüchsige Sorten mit oder ohne Stacheln, von der Wüchsigkeit ist auch die Erziehungsform im Garten abhängig; für eher starkwüchsige Sorten empfiehlt sich die Palmettenerziehung, hier werden die Beerensträucher im Abstand von 3 m an ein Rankgerüst gepflanzt und je drei Ruten waagerecht nach links und rechts hochgebunden, im August werden alle Ruten, die im folgenden Jahr tragen sollen, auf 10 cm Trieblänge zurückgeschnitten, zugleich entfernt man überzählige Jungtriebe; im Januar/Februar schneidet man alle Ruten, die im vergangenen Sommer getragen haben, direkt über dem Boden ab.
Empfehlenswerte Sorten sind z. B. 'Jumbo' (rankend, stark wachsend, stachellos, ertragreich, frostfest, Reifezeit August bis September), 'Theodor Reimers' (rankend, stark bestachelt, Reifezeit Juli bis September), 'Loch Ness' (stark wachsend und rankend, stachellos, Reifezeit Juli bis September), 'Geschlitztblättrige Brombeere' (rankend, bestachelt, sehr winterhart, spätreif)

Ernte
im Frühsommer die Blätter der einzelnen Triebspitzen auf einer Länge von ca. 30 cm; die Früchte unreif (wirken stopfend) oder voll ausgereift ab Juli; die Blüten ca. Ende Mai

Verwendete Pflanzenteile
Blätter, Blüten, Früchte reif und unreif

Inhaltsstoffe
Gerbstoffe, Fruchtsäuren, Flavonoiode, Vitamin C, Kalium, Calcium, Magnesium, ätherische Öle, Pektin

Eigenschaften
zusammenziehend, entzündungshemmend, stopfend, abführend (reife Früchte), immunstimulierend

Verwendungsmöglichkeiten
Beeren als Frischkost, Tee, Saft (Zahnfleisch-, Haut-, Schleimhaut- und Bindegewebestraffung) und Marmelade; Blüten für einen Umschlag zur Wundheilung; Blätter als Tee

HIMBEERE
— *Rubus idaeus*

Beliebtes, anpassungsfähiges Obstgehölz für kleine und große Gärten. Es gibt einmal tragende Sträucher (Sommerhimbeeren) und zweimal tragende (Herbsthimbeeren).

Himbeerblätter wirken bei Schleimhautentzündungen.

Die von mir sehr geliebten Himbeeren *(Rubus idaeus)* sind süß und so samtig-weich, dass sie mir auf der Zunge zergehen, aber auch gerade deshalb sind sie sehr druckempfindlich und schlecht zu lagern. Selbst vorsichtiges Abwaschen unter fließendem Wasser wird schon mit austretendem Saft geahndet. Ich freue mich jedoch darüber, dass sie mir diese Schwäche ihrerseits mit einer langen Erntezeit bis in den Herbst hinein wieder ausgleichen. Die Himbeerfrüchte enthalten erfrischende Fruchtsäuren, Vitamine der B-Gruppe und das Provitamin A. Darüber hinaus viele Mineralstoffe, vor allem Kalium, Calcium, Eisen und Magnesium – also alles gesund und wohlschmeckend verpackt. Himbeersaft wurde schon bei meiner Oma zu Fieberzeiten serviert, lange bevor man zu dem „modernen" Orangensaft überging. Ein leckerer Himbeertee wurde aus Blättern und Saft gemixt, indem meine Oma die Hälfte des Teewassers durch Himbeersaft ersetzte, weil ich als Kind nicht verstehen konnte, warum Himbeerblättertee nicht auch nach meinen geliebten Himbis schmeckte. Dass Himbeerblättertee durch seine

Checkliste

HILFT BEI FOLGENDEN BESCHWERDEN:

- ☐ Keuchhusten (unterstützend)
- ☐ Geburtserleichterung
- ☐ Entzündungen im Hals-Rachenraum
- ☐ Magen-Darm-Erkrankungen
- ☐ Schleimhautentzündungen
- ☐ Überhitzung bei Fieber

Frisch zum Genießen im Müsli

adstringierende Wirkung auch gegen Schleimhautentzündungen im Hals-Rachenraum hilft, hat sie mir aber nicht verraten. Damals hatte man auch noch nicht die Möglichkeit, Himbeerfrüchte einzufrieren, da es in den Haushalten noch keine Kühltruhen gab und wir daher die gute Einfriereigenschaft dieser Früchtchen noch nicht kannten. Da haben wir es heute besser. Wie man auch Himbeeren sinnvoll einfriert, habe ich bereits bei den Brombeeren auf Seite 88/89 beschrieben.

Neben den wohlschmeckenden Beeren, die den Appetit anregen, das Immunsystem stärken und zu den antioxidativen Lebensmitteln gehören, werden noch heute die Blätter als Pflanzenarznei herangezogen. Sie erinnern im Geschmack an Schwarzen Tee und dienen zum Gurgeln bei Mund-Rachen-Problemen, zudem löschen sie auf milde Art den Durst bei Fieber und sind Bestandteil von Schwangerschafts-Teemischungen für die letzten Wochen vor der Geburt. Bäder mit Himbeerblättersud vor der Geburt erleichtern den Entbindungsvorgang und stärken das Gebärmuttergewerbe, deshalb absolut wichtig zu wissen: während der Schwangerschaft sich nie mit Himbeerblättertee behandeln!

KULTIVIERUNG UND VERWENDUNG

Anbau

Topfpflanzen von April bis September in nährstoffreichen, durchlässigen Boden setzen und mit Kompost oder Mist versorgen; sonnige Standorte empfehlenswert; sommertragende Himbeeren werden ca. 2,20 m hoch, ihre Ruten sollten etwa alle 60 cm an einem waagerechten Drahtgerüst befestigt werden; herbsttragende Himbeeren müssen nicht extra angebunden werden, ein flach gelegtes Drahtgeflecht in etwa 80 cm Höhe mit groben Maschen ist ausreichend zur Stabilisierung der Ruten; bei Sommerhimbeeren die abgeernteten Triebe zurückschneiden, bei Herbsthimbeeren die abgetragenen Rutenspitzen im Frühjahr auf vier Augen zurückschneiden; jeweils nur 15 Ruten pro laufenden Meter pflegen und auf gute Durchlüftung der Pflanzen achten

Ernte

Blätter im Frühsommer vor der Blüte; Früchte von Juni bis Oktober (Sommer- und Herbsthimbeeren)

Verwendete Pflanzenteile

Blätter, Früchte

Inhaltsstoffe

Flavonoide, Vitamin C, Vitamin A, Vitamin B, Fruchtzucker und -säuren, Gerbstoffe, Mineralstoffe

Eigenschaften

zusammenziehend, gewebestärkend, entbindend, entwässernd, blutreinigend, fiebersenkend, abführend, antibakteriell, immunkräftestärkend

Verwendungsmöglichkeiten

Blätter als Tee bei Fieber oder als Gurgelmittel bei Entzündungen im Hals-Rachenraum sowie für Bäder zur Stärkung des Gebärmuttergewebes vor der Geburt

Achtung: bei Keuchhusten nur zur Unterstützung einer Therapie, nicht für die Selbstmedikation!

SCHWARZER HOLUNDER — *Sambucus nigra*

Die Verwendung von Holunderblüten ist in den letzten Jahren sprichwörtlich wieder in aller Munde, um in Form von Sirup Alkoholisches zu würzen. Mit der schweißtreibenden Wirkung seiner Früchte lindert der Holunder Schnupfen und Fieber.

KULTIVIERUNG UND VERWENDUNG

Anbau
flach wurzelnder, schnell wachsender Baum oder Strauch, der 3 bis 6 m hoch wird; Pflanzung im Frühjahr empfehlenswert, oft übernehmen Vögel die Aussaat, sodass man darauf warten kann; völlig anspruchslos und widerstandsfähig; unerwünschte Äste im Spätwinter entfernen, alle vier bis fünf Jahre stärkerer Rückschnitt empfehlenswert

Ernte
Blüten im Frühsommer, wenn sich die ersten Blüten einer Dolde öffnen zum Trocknen, sonst Blütendolden von April bis Mai; reife Beeren im Hochsommer, sie sollten alle tiefschwarz sein; möglichst junge Blätter vor der Blüte

Verwendete Pflanzenteile
Blätter, Blüten, Früchte

Inhaltsstoffe
ätherisches Öl, Flavonoide, Gerb- und Schleimstoffe, Vitamin C und B, Folsäure, Zucker, Fruchtsäuren, Sambunigrin

Eigenschaften
abführend, harntreibend, fiebersenkend, blutreinigend, schmerzlindernd, entzündungshemmend, immunstärkend

Verwendungsmöglichkeiten
Blüten als Hollerküchle, Tee (Fieber, Steigerung der Abwehrkräfte) oder Sirup für Erfrischungsgetränke sowie für wohltuende Bäder bei Gliederschmerzen und für Duftsäckchen zur Förderung der Lebertätigkeit; Früchte als Saft, Gelee, Tee, Färbemittel für Stoffe, Haare und Ostereier; Blätter als Tee bei Rheuma, Gicht, Wasserstauungen im Körper

Doch wer weiß heute noch über die Bedeutung des Hollerbusches, wie er auch genannt wird, Bescheid? Der Schwarze Holunder *(Sambucus nigra)* ist seit alters her eine mythologische Pflanze und wurde vor Häuser und Scheunen gepflanzt, damit die in der Pflanze wohnende Schutzgöttin Holda bösen Zauber abwehrte, Blitz und Feuer fernhielt und die „guten Geister" in Form von Früchten und Blüten ihre heilbringenden Tätigkeiten ungestört ausüben konnten. Der Holunder galt als Lebensbaum, als Baum der Ahnen, und man begegnete ihm daher stets mit Respekt und Ehrfurcht. Bereits unsere Vorfahren erkannten in ihm den Reichtum für die eigene Hausapotheke. Es wurden so gut wie alle Pflanzenteile verwendet, wobei heutzutage lediglich Blüten, Blätter und Früchte zu Heilzwecken in Gebrauch sind. Blüten und Früchte helfen uns vorbeugend und akut bei Erkäl-

Immer nur tiefschwarze Beeren ernten.

tungskrankheiten. Der Holunderblütentee (auch als Fiebertee bekannt) wirkt schweißtreibend und durch die Erhöhung der Körpertemperatur wird der Stoffwechsel angeregt, der wiederum die Abwehrkräfte mobilisiert. Bei Nasennebenhöhlen-Entzündungen wird das festsitzende Sekret gelockert und die harntreibende Wirkung des Holunderblättertees setzt man bei Rheuma, Gicht und Wasserstauungen im Körper ein. Die Tagesdosis des Blättertees beträgt ¼ l, die Zubereitung weicht von der des Blütentees insofern ab, dass man die Blätter kalt ansetzt, zum Sieden erhitzt und danach sofort abseiht. Holunderblütentee wird kochend überbrüht und nach fünf Minuten abgeseiht.

Die vitaminhaltigen Früchte ernten wir in vollreifem Zustand für Saft und Gelee, damit wir gesund durch den Winter kommen. Aber Vorsicht: Zu viel Saft am Tag führt zu heftigen Stuhlentleerungen! Ein kleines Glas voll (ca. 100 ml) pur, oder dieselbe Menge mit Orangensaft verdünnt, reicht für die Heilwirkung aus. Die getrockneten Beeren können pur verwendet oder als Zutat in einer Teemischung ebenfalls eine immunstärkende Wirkung zeigen. Achten Sie bitte darauf, dass Sie wirklich nur voll ausgereifte Beeren ernten und verwenden, denn alle unreifen Früchte enthalten das giftige Sambunigrin. Diese Substanz kann zu Übelkeit und Erbrechen führen. Die reifen Holunderbeeren sollten auch nicht gekocht werden, sondern nur erhitzt, da sie sonst ihren Vitamin-C-Gehalt verlieren. Mit Holunderblätterwasser lassen sich Insekten vertreiben – auch Ratten, so sagt man, können den Geruch von Holunder nicht ausstehen. Bei Gliederschmerzen hilft ein Holunderblütenbad. Duftsäckchen aus Holunderblüten und Lavendel wirken entspannend und unterstützen, leicht erwärmt, die Lebertätigkeit. Bei allen Rezepturen mit Holunderbeeren achten Sie bitte darauf, dass so wenig wie möglich Grünes dabei ist.

Hinsichtlich der Fruchtqualität (größere Dolden und Beeren) sind die Holundersorten für die Kultivierung im Garten den Wildformen überlegen: einheitliche Beerenreife, höherer Gehalt an Farbstoffen, Vitaminen und Mineralstoffen. Empfehlenswerte Sorten sind: 'Haschberg' (Fruchtreife Mitte September), 'Samyl', 'Sampo' und 'Samdal' (Fruchtreife August) sowie 'Black Lace' (purpurfarbene, geschlitzte Blätter), 'Black Beauty', 'Thundercloud' (dunkles Laub, Blüten duften nach Zitrone) und 'Laciniata' (grüne, tief geschlitzte Blätter) mit hohem Zierwert.

Einen Pfannenkuchenteig einfach mit Holunderbeeren ergänzen.

Checkliste

HILFT BEI FOLGENDEN BESCHWERDEN:

- ☐ Erkältungskrankheiten
- ☐ Fieber
- ☐ Verstopfung
- ☐ rheumatischen Beschwerden
- ☐ Gliederschmerzen

HEIDELBEERE — *Vaccinium myrtillus*

Wir kennen die Garten-Heidelbeere *(Vaccinium corymbosum)* und die Heidelbeere *(Vaccinium myrtillus)*, die wir wild wachsend in unseren Wäldern finden. Hildegard von Bingen verwendete die wilden Beeren bereits im 12. Jahrhundert gegen Durchfall.

Mit etwas Geschick können wir Heidelbeeren selbst anbauen.

Die Beeren wurden lange Zeit großflächig mit sogenannten Heidelbeerkämmen abgeerntet, wodurch jedoch die langsam wachsende Pflanze geschädigt wurde. Das Typische an wilden Heidelbeeren ist der blaue Mund, wenn wir von ihnen genascht haben. Bei der Garten-Heidelbeere, die von nordamerikanischen Arten abstammt, passiert das nicht, denn der Farbstoff (Anthocyan) befindet sich hier nur in der Schale der Früchte und nicht im Fruchtfleisch. Dieses ist bei der Kulturform zwar weniger aromatisch, dafür lassen sich die Früchte länger lagern.
Der Name Heidelbeere stammt von der Heide-Beere ab, als Heide wurde in früheren Zeiten die freie Natur bezeichnet. Heute verstehen wir unter einer Heide eine Landschaft mit Wacholder, Kiefern sowie Heidekrautgewächsen – und dazu gehört auch die Heidelbeere. Nur die wilde Heidelbeere wird zu Heilzwecken verwendet, da die Garten-Heidelbeere weniger wirksam ist. Es ist je-

Checkliste

HILFT BEI FOLGENDEN BESCHWERDEN:

- ☐ Verstopfung
- ☐ Durchfall
- ☐ Husten
- ☐ Blasen- und Gallensteinen
- ☐ nachlassendem Nachtsehvermögen
- ☐ schlecht heilenden Wunden
- ☐ Rheuma
- ☐ Hämorrhoiden

Frisch zubereitet – ein Heidelbeer-Smoothie

doch möglich, wilde Heidelbeeren im Garten anzubauen, wenn dieser einen waldähnlichen Boden mit Torf und Rindenmulch vorweisen kann (pH-Wert unter 5). Sie wird dort 20 bis 50 cm hoch, bildet im Mai/Juni grünlich rote, kugelige Blüten und ist frosthart.
Heidelbeeren gehören zu den Pflanzen mit einem hohen Anteil an Gerbstoffen, die eine zusammenziehende Wirkung aufweisen. Ein altes Rezept sind getrocknete Heidelbeeren bei Durchfallerkrankungen. Blutende, entzündete Schleimhäute werden mit Mundspülungen behandelt, während die Blätter bei Harnwegsbeschwerden, Rheuma, Hämorrhoiden und Magen-Darm-Leiden helfen. Frische Beeren führen in großen Mengen verspeist ab, stärken aber in Maßen genossen das Sehvermögen, besonders nachts. Die Verbesserung der Nachtsichtfähigkeit verdanken wir den Anthocyanen. Nach neueren Erkenntnissen kann auch Diabetes Typ 2 mit Hilfe von Heidelbeeren unterstützend behandelt werden.

HEIDELBEER-SMOOTHIE

Eine geschälte und in Stücke gebrochene Banane, 200 g Heidelbeeren, vier Datteln (entsteint), ein Stück Ingwerwurzel (1 cm), eine Hand voll Kresse und vier junge Weißkohlblätter mit ½ l Wasser im Mixer kurz pürieren. Mit frischen Heidelbeeren dekorieren und servieren.

KULTIVIERUNG UND VERWENDUNG

Anbau
Topfpflanzen ganzjährig in frostfreien Boden, empfehlenswert im Herbst oder Frühjahr, an einen sonnigen bis halbschattigen Standort; pro Pflanze eine Moorbeetfläche von 80 × 80 cm vorsehen, dann eine 50 cm tiefe Pflanzgrube ausheben, mit Plastikfolie auslegen, Drainageschicht aus Kieseln, Steinen und Abfallholz bilden, das Loch mit Moorbeeterde auffüllen und darüber eine Überhöhung mit Moorbeeterde von 30 cm aufschütten, dann kann das Beet bepflanzt werden; jedes Jahr 20 bis 30 cm Moorbeeterde erneuern und das Beet mit 1 bis 2 cm frischem Torf überdecken; mit kalkfreiem Wasser gießen; in den ersten Jahren die Pflanzen nicht zurückschneiden, später ältere Triebe entfernen; mit etwas weniger Aufwand können die Pflanzen auch im Topfgarten in großen mit Moorbeeterde befüllten Blumentöpfen gezogen werden

Ernte
Blätter und Früchte im Hochsommer

Verwendete Pflanzenteile
Früchte, Blätter

Inhaltsstoffe
Gerbstoffe, Glykoside, Anthocyan, Vitamin C, B_1, B_2, Pantothensäure, Pektin, Invertzucker

Eigenschaften
zusammenziehend, blutzuckersenkend, entzündungshemmend, schweißhemmend, wundheilend, die getrockneten Beeren stopfend

Verwendungsmöglichkeiten
Blätter und Beeren als Tee; Beeren als Saft, Wein, Tinktur, Sirup, Marmelade, Smoothie, Pfannkuchen, Kuchen, Backwaren, Quark, Joghurt oder getrocknet bei Durchfallerkrankungen, als Mundspülung bei entzündeten Schleimhäuten sowie in selbst hergestellten Nussmischungen; die Blätter für Umschläge und Waschungen, z. B. bei Schuppenflechte und anderen Hautkrankheiten, Rheuma, Hämorrhoiden, Magen-Darm-Erkrankungen
Achtung: Die enthaltenen Gerbstoffe können die Aufnahme von Arzneimitteln über die Darmschleimhaut behindern. Daher bitte nicht zusammen mit anderen Tabletten einnehmen, sondern zwei bis drei Stunden warten!

KRÄUTERGARTEN

— *Wie Pflanzen heilen*

KRÄUTER PFLEGEN

Auf die Frage, was man in einem Garten zu Heilzwecken am meisten findet, werden viele die Antwort „Heilkräuter" geben, denn die Begriffe Kräuter und Krankheit bzw. Gesundheit sind in unseren Köpfen sehr eng miteinander verbunden.

Diese Verbindung besteht seit Tausenden von Jahren, denn Zubereitungen aus Kräutern waren die ersten Arzneimittel der Menschheit. Bei der Anlage eines Kräutergartens oder der Verwendung von Kräutern in der Küche und Medizin können wir auf einen jahrtausendealten Wissensschatz zurückgreifen. Die Wirkung der Kräuter hat man sich damals von den Tieren abgeguckt, indem man sehr genau beobachtete, welche Pflanzen bei welchen Krankheiten von diesen bevorzugt gefressen wurden. Auch heute verwenden wir z. B. Thymian mit verdauungsfördernder Wirkung als Würzkraut, zur Zubereitung eines krampflösenden Hustentees sowie als wohltuendes Kräuterbad, wie es die Menschen bereits vor 6.000 Jahren taten. Schon immer gehörte die Ernte frischer Kräuter aus dem Kräutergarten zur täglichen Bereicherung des Speiseplans. Eine große Kräutervielfalt war jedoch nicht nur aus geschmacklichen Gründen von Bedeutung, sondern auch um dem Prinzip der Hausapotheke gerecht zu werden.

Kräuterkundige Persönlichkeiten gab es bereits bei den Urvölkern, in der Antike, im alten China sowie im tiefen Mittelalter. Und im Zeitalter der Aufklärung wurde es für so manche wissende Kräuterfrau im wahrsten Sinne des Wortes brenzlig. In Zeiten des Fortschrittglaubens und der immer schwächer werdenden Bindung zur Natur verlor das Wissen oft an Bedeutung. In den letzten Jahrzehnten besann man sich jedoch vermehrt auf die sanften und natürlichen Heilmethoden mit Kräutern.

Genauso wie zu Zeiten von Hildegard von Bingen werden hüstelnde Kinder, schlaflose Alte, nervöse Mütter, herzkaspergeplagte Väter, hitze- und gallengeplagte Wechseljahresdamen, angsterfüllte Schüler und stoffwechselgestörte Falschesser mit Hilfe von Heilkräutern wieder ins Lot gebracht. Räumen Sie daher diesen sanften Helferlein aus der Natur einen ausreichend großen und Ihren häufigsten Gebrechen entsprechenden Raum ein. Auch die Kräuterküche, die heutzutage wieder hoch im Kurs steht, können Sie mit frisch geernteten Zutaten aus Ihrem Heilkräutergarten optimal umsetzen.

Heilgarten mit Schafgarbe (weiß blühend)

SCHAFGARBE
— *Achillea millefolium*

Die mehrjährige Schafgarbe zählt zu den ältesten Heilpflanzen überhaupt. Mit ihren zarten Blättern und weißen Blütchen wird sie auch Bauchwehkraut genannt und hilft in diesem Bereich mit den unterschiedlichsten Anwendungsmöglichkeiten.

Man interpretierte die feinen gefiederten Blätter der Schafgarbe *(Achillea millefolium)* früher auch als Augenbraue der Venus und verwendet sie bereits seit dem Mittelalter als Frauenkraut. Hilft sie doch gegen Unterleibskrämpfe sowie Regelbeschwerden und regt allgemein die Durchblutung der weiblichen Organe an. Durch ihre Bitterstoffe regt sie den Gallenfluss an, ebenso die Verdauungssäfte des Magens, sie wirkt krampflösend, blähungshemmend, aber auch appetitanregend!
Die Schafgarbe war in kriegerischen Zeiten auch als sogenanntes Männerkraut in Gebrauch, weil sie mit ihrer blutstillenden Wirkung als Umschlag bei Verwundungen zum Einsatz kam. Man nannte sie daher auch Hieb- und Stichkraut.
In friedlichen Zeiten bereiten wir uns aus den Blüten, sie erscheinen von Juni bis Oktober und sind überwiegend weiß, einen Tee zu. Das ganze Kraut wird als Badezusatz verwendet.

Checkliste

HILFT BEI FOLGENDEN BESCHWERDEN:

- ☐ Regelbeschwerden
- ☐ Leber-Gallen-Beschwerden
- ☐ Krämpfen im Magen-Darm-Bereich
- ☐ schlecht heilenden Wunden
- ☐ Hautproblemen
- ☐ Entzündungen der Schleimhäute
- ☐ Hämorrhoiden
- ☐ schlecht heilenden Wunden

KULTIVIERUNG UND VERWENDUNG

Anbau
Aussaat im Frühjahr oder Teilung von Wurzelstöcken im Herbst; braucht überwiegend mageren Boden oder eine Magerwiese (auf nährstoffreichen Standorten sehr starkwüchsig und nicht standfest) und sonnige bis absonnige Standorte; anspruchslos in der Pflege

Ernte
Blätter im Frühjahr, Blüten im Hochsommer, ganze Pflanze bis in den Herbst (ca. Oktober/November)

Verwendete Pflanzenteile
Blätter, Blüten, ganzes Kraut

Inhaltsstoffe
Gerbstoffe, ätherisches Öl, Bitterstoffe, Flavonoide

Eigenschaften
antibakteriell, blutstillend, entzündungshemmend, zusammenziehend, entkrampfend, verdauungsfördernd, durchblutungsfördernd, appetitanregend

Verwendungsmöglichkeiten
in der Wildkräuterküche werden die Blätter als Suppe, Gemüse, Salat, Quark, Smoothie verwendet; die Blüten als Tee bei Verdauungsbeschwerden durch zu wenig Gallensaftbildung; das ganze Kraut als Badezusatz oder Umschlag bei Krämpfen, schlecht heilenden Wunden, Blutungen oder Hämorrhoiden sowie zur Herstellung einer Tinktur
Achtung: Die Schafgarbe zählt zu den Korbblütlern, daher sollten Allergiker die Verwendungen meiden.

GEWÖHNLICHER FRAUENMANTEL — *Alchemilla vulgaris*

Der Frauenmantel ist eine hübsche Blattschmuckstaude mit kleinen, grün-gelblichen Blüten, die von Juni bis Juli erscheinen. Als Frauenpflanze entfaltet sich seine Heilkraft wohltuend bei Regel- und Wechseljahresbeschwerden.

KULTIVIERUNG UND VERWENDUNG

Anbau
als Topfware aus der Gärtnerei an leicht feuchte und halbschattige Stellen pflanzen, vermehrt sich leicht selbst; auch Aussaat im Frühjahr oder Teilung der Wurzelstöcke im Herbst möglich; Rückschnitt nach der Blüte verhindert zu starkes Verwildern der Pflanze im Beet

Ernte
Kraut oder Blätter ab Frühjahr bis Juli/August, auch während der Blüte (Juni bis Juli)

Verwendete Pflanzenteile
Blätter, Kraut

Inhaltsstoffe
Phytosterine, Bitterstoffe, Gerbstoffe, Glykoside, Saponine, Flavonoide, Cumarine, Mineralstoffe

Eigenschaften
zusammenziehend, menstruationsregulierend, entzündungshemmend, milchbildend, stoffwechselanregend, wundheilend, blutungsstillend, allgemein kräftigend

Verwendungsmöglichkeiten
ganzes Kraut als Tee bei den häufigsten Frauenkrankheiten wie unregelmäßigen oder zu starken Monatsblutungen, wie sie auch zu Beginn der Wechseljahre auftreten können, Regelschmerzen, PMS, Wechseljahresbeschwerden allgemein; Tinktur für die tropfenweise Anwendung bei den zuvor beschriebenen Beschwerden sowie als Gurgelmittel bei Entzündungen im Hals-Rachenraum und Zahnfleischbluten, als Umschläge bzw. Bäder bei schlecht heilenden Wunden

Der deutsche Name des Krautes bezieht sich auf die Ähnlichkeit der Blätter mit dem Umhängemantel Marias. Morgens kann man in den kelchartigen Blattvertiefungen manchmal geheimnisvoll goldglänzende Tropfen beobachten, die die Alchemisten bei der Suche nach Gold beflügelten. Es sind kleine Wassertröpfchen, die von der Pflanze selbst gebildet werden und sich in der Blattmitte als sogenannte Guttationstropfen sammeln. Aufgrund von Selbstreinigungsfähigkeiten der Pflanze fließen sie dann perlenartig vom Blatt ab. Man nennt dies Lotuseffekt.
Die Heilwirkung des Frauenmantels liegt in seiner regulierenden Wirkung auf den gesamten weiblichen Organismus, in jungen und in nicht mehr so jungen Jahren. Er hilft bei Regelbeschwerden, dient zur Förderung der Fruchtbarkeit sowie als wohltuendes Mittel während und nach der Geburt. Die Stärkung des Bindegewebes wird ebenso positiv beeinflusst wie die Milchbildung und auftretende Wechseljahresbeschwerden. Aber Achtung, heilkräftig ist nur der Gewöhnliche Frauenmantel *(Alchemilla vulgaris)*, wie er auch als Wildpflanze vorkommt.

TINKTUR

100-ml-Flasche zu zwei Dritteln mit frischem, klein geschnittenem Kraut füllen und mit 40 %igem Alkohol aufgießen; 14 Tage im Hellen ausziehen lassen und täglich einmal schütteln. Danach abfiltrieren und in einer dunklen Flasche lagern. Bei Frauenproblemen zehn bis 20 Tropfen täglich einnehmen.

01 Frauenmantel ist im Beet eine stattliche Pflanze mit hübschen Blüten und Blättern. Erfolgt nach der Blüte ein Rückschnitt wird ein attraktiver Neuaustrieb gefördert.

02 Für einen Teeansatz aus Frauenmantelkraut kann man Blüten, Blätter und Stiele, also alle Teile der Pflanze, aber auch nur die Blätter verwenden.

03 Bei dieser Nahaufnahme der Frauenmantelblätter kann man sehr gut die von der Pflanze selbst gebildete Flüssigkeit an den Blattzackenspitzen erkennen (Lotuseffekt).

02

01

03

Checkliste

HILFT BEI FOLGENDEN BESCHWERDEN:

- ☐ unregelmäßigen Monatsblutungen
- ☐ zu starken Montsblutungen
- ☐ Regelschmerzen
- ☐ PMS
- ☐ Wechseljahresbeschwerden
- ☐ Durchfallerkrankungen
- ☐ schlecht heilenden Wunden
- ☐ Brustdrüsenentzündungen
- ☐ Hautunreinheiten
- ☐ Schleimhautentzündungen

ECHTE ALOE
— *Aloe vera*

Die Aloe gehört zu denjenigen Heilpflanzen, deren gesundheitlicher Nutzen erst in den letzten Jahren intensiver erforscht und publiziert wurde. In den Ländern rund um das Mittelmeer ist die Verwendung der Pflanze schon seit langer Zeit bekannt.

Die medizinische Anwendung des Aloe-vera-Extraktes, das ist der eingedickte Saft aus den Blättern, bezog sich bis in die 70er-Jahre des vorigen Jahrhunderts auf die Verarbeitung als Abführmittel in Form von Pillen. Während meiner Lehre als Apothekenhelferin kam ich das erste Mal mit dieser Pflanze bzw. ihrem Extrakt in Kontakt, denn ich sollte daraus Abführpillen drehen, was mit etwas Übung auch gut gelang. Die Aloe ist aber als Heilpflanze auch eine Bereicherung unseres Speiseplans und genießt große Wertschätzung.
Der frische Saft aus den Blättern, er tritt an der Schnittstelle aus, dient heute als Erste-Hilfe-Maßnahme bei Sonnenbrand, Schnittwunden, Verbrennungen und Insektenstichen. Für diese Art der Verwendung ritzen wir ein fleischiges Blatt ein und geben den austretenden Saft (Gel) auf die wunde Haut. Wir können die angeschnittenen Blätter auch direkt auflegen. Der kühlende Effekt des Gels tritt sofort ein und durch die Salicylsäure, auch das ist ein Wirkstoff der Pflanze, tritt eine schnelle Schmerzlinderung ein.
Innerlich hilft das Gel der Echten Aloe *(Aloe vera)* generell im Magen-Darm-Bereich und ist bei Durchfall und Verstopfung in Zeiten des Reizdarmes aufgrund von Überforderung zu empfehlen. Von einer häufigen Anwendung ist jedoch abzuraten! Auch bei chronischer Verstopfung ist die Aloe

KULTIVIERUNG UND VERWENDUNG

Anbau
als Topf- bzw. Kübelpflanze; im Sommer volle Sonne, wenig gießen; im Winter hell und kühl im Haus halten

Ernte
fleischige Blätter ganzjährig

Verwendete Pflanzenteile
Blätter

Inhaltsstoffe
Salicylsäure, Polysaccharide, Harz, Anthranoide(-Glykoside)

Eigenschaften
stark abführend, schmerzlindernd, entzündungshemmend, wundheilend, immunkräftestärkend
Achtung: nicht in der Schwangerschaft, bei Nierenkrankheiten und Darmverschluss anwenden!

Verwendungsmöglichkeiten
Gel äußerlich bei Hautproblemen und innerlich bei Durchfall, Verstopfung (keine Daueranwendung); die geschälten, gewässerten Blätter für die Verwendung in der Küche

Checkliste

HILFT BEI FOLGENDEN BESCHWERDEN:

- ☐ Verstopfung (akut)
- ☐ leichte Verbrennungen
- ☐ allgemeinen Beschwerden im Magen-Darm-Bereich
- ☐ Insektenstichen
- ☐ Schnittwunden
- ☐ leichte Verletzungen

Die Aloe benötigt einen warmen Platz.

Milchig-weißes Gel, gewonnen aus den Blättern der Aloe

ungeeignet. Grundsätzlich stärkt sie jedoch die Abwehrkräfte und die natürlichen Hautfunktionen.
In unseren Breiten lässt sich die Echte Aloe nur als Kübelpflanze kultivieren und sollte im Heilgarten am wärmsten Platz aufgestellt werden. Für die Verwendung zu Heilzwecken ist es sinnvoll, mehrere Pflanzen zu verwenden, um eine Einzelpflanze nicht zu sehr zu beanspruchen. Aloen wachsen langsam und nur gut ausgereifte Blätter sind erntefähig, weil sie entsprechend genug Saft bzw. Gel bilden. Da es sich um eine dekorative Südländerin handelt, sind zwei bis drei Exemplare auf der Terrasse durchaus vertretbar. Manche Sorten lassen sich bereits nach kurzer Zeit durch Teilung vermehren.

ALOE-SALAT

Auch wenn es etwas ungewöhnlich erscheint, können wir die Aloe in unseren Speiseplan integrieren. Versuchen Sie einmal einen Aloe-Salat: Zwei Blätter der Aloe schälen, in Würfel schneiden und in kaltem Wasser mehrfach spülen, damit die bitteren Stoffe entzogen werden. Eine halbe Salatgurke schälen und ebenfalls in Stücke schneiden. Eine kleine Grapefruit filetieren, einige gewaschene Blätter Kopfsalat zerpflücken und alles in eine Schüssel geben. 1 TL Akazienhonig, 4 EL weißen Balsamico und etwas Kristallsalz zu einer Vinaigrette verrühren und 4 EL Olivenöl dazugeben. Über die Salatzutaten träufeln und mit etwas Koriandergrün servieren.

ZITRONENVERBENE — *Aloysia triphylla*

Die Zitronenverbene ist eine bekannte Heil- und Gewürzpflanze aus der Familie der Eisenkrautgewächse *(Verbenaceae)*. Sie wird oft mit dem heimischen Echten Eisenkraut verwechselt.

Das Wohlriechende Eisenkraut *(Aloysia triphylla)*, wie die Zitronenverbene auch genannt wird, war bei uns lange Zeit völlig unbekannt. Ich selbst habe vor ca. 20 Jahren von diesem wunderbar nach Zitrone duftenden Strauch eine Abbildung in einem englischen Kräuterbuch entdeckt. Damals hieß es noch *Lippia citriodora* und war in Deutschland in keiner Gärtnerei zu finden. Da ich in unmittelbarer Nähe zu Frankreich lebe, hatte ich aber das Glück, eine Pflanze zu ergattern. Dort ist besonders im Süden der Strauch schon seit langer Zeit in Gebrauch. Das ätherische Öl ist ein wichtiger Inhaltsstoff, vor allem in den Kreationen der südfranzösischen Parfümindustrie.
Häufig wird die Zitronenverbene wegen ihres Namens mit der bei uns als Wildkraut wachsenden gewöhnlichen Verbene, dem Echten Eisenkraut *(Verbena officinalis)*, verwechselt. Es gibt zwar verwandtschaftliche Beziehungen, aber die Anwendungsgebiete differieren doch erheblich. Um Irrtümer zu vermeiden, sollten Sie beim Einkauf der Pflanzenware auf den botanischen Namen achten. Die Zitronenverbene ist nur bedingt winterhart und sollte daher als Kübelpflanze gehalten werden.

KULTIVIERUNG UND VERWENDUNG

Anbau
den Strauch am besten im Kübel pflegen und im Herbst an einem hellen und kühlen Ort frostfrei überwintern oder als Freilandpflanze mit Winterschutz; im Frühjahr stark zurückschneiden; Vermehrung durch Stecklinge möglich

Ernte
da die Pflanze im Herbst/Winter alle Blätter verliert und diese ab März wieder neu austreiben, ist die beste Erntezeit ab Juni/Juli bis in den Spätsommer hinein

Verwendbare Pflanzenteile
Blätter (frisch oder getrocknet)

Inhaltsstoffe
Glykoside, ätherisches Öl, Gerbstoffe, Kieselsäure

Eigenschaften
tonisierend auf Magen, Leber und Galle, antidepressiv, entkrampfend, wundheilend, schlaffördernd

Verwendungsmöglichkeiten
als Tee aus den Blättern (Eistee, Abendtee), als ätherisches Öl, Potpourri, Duftkissen, Umschläge, Aromalampe, Likör, Würze für Süßspeisen, Soßen, Erfrischungsgetränke

Likör aus Verbenenblättern schmeckt zitronig.

Zum Ausklang des Tages – Zitronenverbenentee

Im Heilgarten sind die unscheinbaren weißen Blüten nur Zierde.

In milden Gegenden ist sie jedoch mit etwas Winterschutz durchaus als Gartenbewohner zu kultivieren. Dort wird sie bis zu 2,50 m hoch, im August erscheinen weiße Blütenripsen. Für einen buschigen Wuchs empfiehlt sich im Frühjahr ein starker Rückschnitt.
Die ersten Exemplare des Zitronenstrauchs, ein weiterer Name der Pflanze, waren im Wuchs sehr sperrig und produzierten zudem relativ wenig Blattmasse. Die neuen Züchtungen sind wesentlich buschiger und daher für die Ernte ergiebiger. Bitte nicht die einzelnen Blätter abzupfen, sondern ganze Triebe, damit die Pflanze buschig nachwachsen kann.
Ein Aufguss der Zitronenverbenenblätter schmeckt kalt als Eistee und warm als entspannender Abendtee. Außerdem vertreiben die frischen Blätter, wenn wir sie am Strauch berühren oder einige Zweige der Pflanze auf den Tisch legen, mit ihrem wunderbaren Zitronenduft Fluginsekten aller Art, sodass wir an lauen Sommerabenden in Ruhe draußen sitzen können.
In der Küche können wir die klein geschnittenen, frischen oder getrockneten Blätter als zitroniges Gewürz für Süßspeisen oder als Teeauszug zum Würzen für Soßen und Erfrischungsgetränke verwenden. Als Inhalt in einem duftenden Kuschelkissen in Kombination mit einem Teeaufguss hilft der Zitronenstrauch bei nervösen Ein- und Durchschlafstörungen. Die Zitronenverbene wirkt sowohl äußerlich durch ihren Duft wie auch innerlich als Tee gegen Niedergeschlagenheit, Depressionen und Lethargie.

Checkliste

HILFT BEI FOLGENDEN BESCHWERDEN:

- ☐ Nervenschwäche
- ☐ Depressionen
- ☐ nervöser Erschöpfung
- ☐ Stoffwechselstörungen
- ☐ Schlafstörungen
- ☐ schlecht heilenden Wunden
- ☐ nervös bedingten Verdauungsstörungen

TEE

20 g abgezupfte, getrocknete, ganze Verbenenblätter, 20 g getrocknete Zitronenmelisseblätter und 10 g Ringelblumenblüten (getrocknet, ohne Kelch) in einer Schüssel mischen. 2 EL dieser Mischung unmittelbar vor dem Gebrauch zwischen den Fingern zerkrümeln und mit ¼ l kochendem Wasser aufgießen. Nach fünf Minuten abseihen und mit Honig süßen. Nun können wir einen wohlschmeckenden und beruhigenden Tee genießen.

ECHTER EIBISCH — *Althaea officinalis*

Eibisch ist eine zartrosa blühende, mehrjährige Staude mit samtig behaarten Blättern und kann bis zu 2 m hoch werden. Die Wurzeln und Blätter wirken mit ihren Schleimstoffen lindernd bei Reizhusten.

Blüten und Blätter sind delikate Beigaben im Salat.

Der Kaltansatz aus der Eibischwurzel ist eher farblos.

Über Klostergärten verbreitet, zählt der Eibisch zu den beliebtesten Heilkräutern in der Volksheilkunde. Der botanische Name *Althaea officinalis* leitet sich wohl vom Griechischen *althäeis* ab und bedeutet heilsam. Im Englischen wird der Eibisch „Marshmallow" genannt, denn früher stellten die Konditoren aus den zuckerreichen Wurzeln des Eibischs die Süßigkeit her, die in Deutschland auch als Mäusespeck bekannt ist.

Der Eibisch ist ein besonders würdiger Vertreter aus der Gruppe der „Schleimer" – also der schleimhaltigen Heilpflanzen. Ihr Schleim legt sich wie eine Schutzschicht auf entzündete Stellen und unterstützt so deren Heilung. In meinen früheren Apothekenjahren gab es noch schleimigen Eibischsirup, der mit anderen Hustenkräutern und etwas Himbeersaft zu einem Hustensaft, besonders für Kinder, verarbeitet wurde. Er schmeckte nicht besonders gut, aber er half und hilft wohl auch heute noch.

Bonbons aus dem Extrakt des Echten Eibischs sind rot, schmecken fruchtig und helfen gegen hartnäckigen Reizhusten. Nur wenige wissen, dass es sich

Checkliste

HILFT BEI FOLGENDEN BESCHWERDEN:

- ☐ Erkrankungen und Entzündungen im Mund-Rachenraum
- ☐ Reizhusten
- ☐ Atemwegskatarrh
- ☐ Magenschleimhautentzündungen
- ☐ Reizungen von Haut und Schleimhäuten

bei dieser Anwendung um den Auszug aus eines Malvengewächses handelt. Wir können uns solche Bonbons aus Eibischsirup, mit Himbeersaft gefärbt, auch selbst herstellen, indem wir beides gemischt in kleinen Formen im Backofen trocknen. Der hohe Schleimstoffgehalt des Eibischs wirkt reizlindernd bei inneren und äußeren Entzündungen von Haut und Schleimhaut, und zwar von oben (Zahnfleisch, Mundhöhle, Bronchien) bis unten (Magen, Darm). Der Pflanzenschleim legt sich wie eine Schutzschicht über die gereizten Schleimhäute unseres Körpers, sodass sie sich darunter wieder erholen und auch ausheilen können. Eine entspannende Gesichtsmaske, besonders bei durch Heizungsluft ausgetrockneter und gereizter Haut, ist ebenfalls wohltuend. Bei der Zubereitung von Eibischspezialitäten sollten wir uns aber unbedingt an den Umgang mit schleimstoffhaltigen Drogen erinnern: nur als Kaltansatz mit Erwärmung auf Trinktemperatur! Das gilt auch für die äußerliche Anwendung.
Noch ein besonderer Tipp: Reizhustenanfälle kommen besonders gerne bei Konzert- oder Theaterveranstaltungen vor. Für diesen Fall sollten wir daher immer einige Wurzelstückchen parat haben, um sie dann unauffällig für andere im Mund durchzukauen.

TEE

Zunächst bereiten wir einen Eibischtee, indem wir 2 EL Eibischblätter mit ¼ l kochendem Wasser übergießen und zehn Minuten ziehen lassen. Mit diesem Sud (abgekühlt) 2 TL geschnittene Eibischwurzel übergießen und unter gelegentlichem Umrühren ½ Stunde stehen lassen, danach abfiltrieren und wieder auf Trinktemperatur erwärmen. In kleinen Schlucken trinken.

GESICHTSMASKE

Ein ausreichend großes Baumwolltuch mit dem Eibischtee tränken, für 15 Minuten auf das Gesicht legen und dabei ausruhen. Danach das Tuch abnehmen und die Haut vorsichtig mit klarem Wasser abtupfen.

KULTIVIERUNG UND VERWENDUNG

Anbau
an sonnige bis halbschattige Standorte mit feuchten Böden mit geringem Nährstoffgehalt setzen; als Hintergrundpflanze im Heilgarten, umgeben von weiteren Malvengewächsen und Königskerzen, wirkt Eibisch besonders schön; Vermehrung durch Aussaat im Frühjahr; Rückschnitt im Frühjahr oder Herbst; da wir für Heilanwendungen auch die Eibischwurzeln ernten und die Pflanze nicht über Gebühr schwächen sollten, ist es sinnvoll, mehrere Exemplare anzupflanzen

Ernte
Wurzeln im Frühjahr oder Herbst; Blätter vor der Blüte; Blüten den ganzen Sommer über

Verwendete Pflanzenteile
Wurzel, Blüten, Blätter

Inhaltsstoffe
Blätter mit einem Schleimstoffgehalt von 6 bis 10 %, in den Wurzeln befinden sich 10 bis 20 % der Schleimstoffe, außerdem Flavonoide, Saponine, ätherisches Öl, Stärke, Rohrzucker, Pektine

Eigenschaften
entzündungshemmend, schleimschutzbildend, schleimlösend, reizlindernd
Achtung: Durch den hohen Zuckergehalt sind Eibischrezepturen für Diabetiker nicht geeignet. Die Wirkung von Medikamenten, die über die Schleimhäute resorbiert werden, kann durch die gleichzeitige Einnahme von Eibischzubereitungen eingeschränkt bzw. ganz aufgehoben werden.

Verwendungsmöglichkeiten
die Wurzel oder die Blüten als Kaltansatz-Tee; Aufguss der Blätter oder Brei zur Wundauflage und als Gesichtsmaske; frische Blüten und Blätter als Salatbestandteil und Sirup, als Spülungen und Gurgelmittel bei Entzündungen im Mund-Rachenraum
Für alle Verwendungsmöglichkeiten der Eibischwurzel nehmen wir die geschälten Exemplare. Dafür werden die frisch geernteten Wurzeln gut gereinigt und mit einem Sparschäler geschält. Die weißen Wurzeln werden in Stückchen geschnitten im Backofen schonend getrocknet. Bitte gut verschlossen lagern, da die Wurzeln sehr anfällig für Insektenbefall sind.

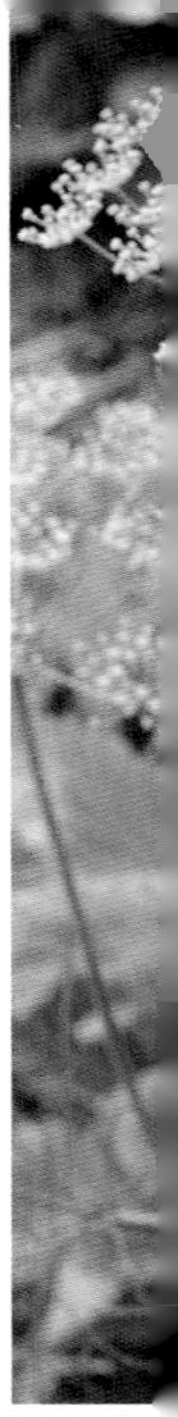

DILL
— *Anethum graveolens*

Dill wird von den meisten Menschen zum Würzen von Fischgerichten, Gurkensalat oder eingelegten Gurken verwendet. Das Kraut ist aber seit Jahrhunderten auch als Heilkraut beispielsweise bei Verdauungsbeschwerden bekannt.

Die etwa 1 m hohe Pflanze gehört zu den Doldenblütlern und bildet von Juni bis August gelbe Blütendolden, die von feinen, gefiederten Blättchen umrahmt werden.

KULTIVIERUNG UND VERWENDUNG

Anbau
Saatgut ab Ende Mai in nahrhafte, frische Böden an einem sonnigen Ort aussäen, bei zu früher Aussaat entwickeln sich die Sämlinge nur schwach und welken häufig schnell; die Pflanze braucht einen schattigen „Fuß" und einen hellen warmen „Kopf"; Trockenheit wird nicht gut vertragen

Ernte
Kraut; Dillspitzen (= Blätter) und Blüten ab Juni bis August; Samen im Herbst, wenn diese reif sind

Verwendete Pflanzenteile
Kraut, Samen, Blüten, Blätter

Inhaltsstoffe
Cumarine, ätherisches Öl, Mineralstoffe, Vitamine, Kaffeesäurederivate

Eigenschaften
krampflösend, beruhigend, harntreibend, fördert den Milchfluss, entblähend

Verwendungsmöglichkeiten
die Samen als Tee bei Nervosität und Einschlafstörungen; das Kraut, die Blattspitzen, die Blüten und die Samen als Gewürz in der Küche

Die frischen oder getrockneten Blättchen finden in grünen Salaten, Butter oder Kräuteressigen sowie in Fischspezialitäten Verwendung. Die getrockneten Samen würzen eingelegte Gurken und Mixed Pickles. Zur Verstärkung der Wirkung für einen besseren Geschmack können etwas Zitronenmelisse und eine Prise Lavendelblüten ergänzt werden. Dafür wird der Dill mit seinen ausgereiften Samen im Hochsommer geschnitten und bündelweise hängend an einem schattigen und warmen Ort getrocknet. Danach werden die Samen abgestreift und in gut schließenden Gläsern gelagert. Dillspitzen können auch eingefroren werden.
Das ätherische Öl in den Dillsamen galt bei überstrapazierten Nerven schon immer als beruhigend. Besonders in Stresssituationen wurden früher einfach Dillsamen gekaut, um wieder ruhig zu werden. Was das Kauen betrifft, so ist das etwas gewöhnungsbedürftig, denn der Geschmack ist sehr intensiv und nicht jedermanns Sache. Die Anwendung als Tee ist da wesentlich angenehmer. Für Erwachsene, z. B. ältere Menschen mit Einschlafstörungen, werden die Samen daher in Wein ausgezogen oder als nicht alkoholische Teezubereitung verabreicht. Dillsamentee fördert den Milchfluss, hilft gegen Bauchgrimmen aufgrund von Blähungen, wirkt harntreibend und hilft beim Aufstoßen. Schlafstörungen, die von einer gestörten Verdauung verursacht werden, können so auf sanfte Art behandelt werden. Sogar Spannungskopfschmerzen verschwinden häufig, wenn man versucht, entspannt eine Tasse Dillsamentee zu genießen.
Für die Verwendung als Gurkengewürz oder sauer Eingelegtes werden die ganzen Dolden in halb-

Dillblüten sind eine feine Salatzutat.

Samen vor der Zubereitung immer mörsern.

reifem Zustand mit in die Einmachgläser gepackt; auch die klein geschnittenen Dillstiele und einige Fiederblättchen können zur Geschmacksverstärkung mit dazugegeben werden. Ganze Fische werden vor der Zubereitung mit Dillblüten gefüllt und dadurch gewürzt oder mariniert.

DILLAUSZUG

Die Rezeptur für alle Dillanwendungen: ½ TL gemörserte oder gequetschte Samen auf eine Tasse (heiße) Flüssigkeit geben; zugedeckt sieben bis zehn Minuten ziehen lassen und anschließend abseihen. Dieser Auszug wird ein- bis zweimal täglich getrunken.

SCHLUMMERTRUNK FÜR KINDER

Nervöse Kinder bekommen abends gerne einen Schlummertrunk mit Dill verabreicht: 1 gestrichener TL gemörserte Dillsamen zusammen mit einer Tasse erwärmter Milch etwa eine halbe Stunde vor dem Zubettgehen. So können wir Kinder etwas „dillen“, d. h. einlullen – der Name Dill stammt aus dem Altnorwegischen *dilla* und bedeutet so viel wie einlullen.

Leckere, mit Dill eingelegte süß-saure Gemüsespezialitäten

Checkliste

HILFT BEI FOLGENDEN BESCHWERDEN:

- ☐ Schlafstörungen
- ☐ Nervosität
- ☐ Verdauungsstörungen
- ☐ Blähungen
- ☐ nervös bedingten Kopfschmerzen

ECHTE ENGELWURZ
— *Angelica archangelica*

Die Engelwurz bildet von Juni bis Juli weiße Blütendolden und ist ein echter Blickfang im Garten. In der Heilkunde liegt das Augenmerk auf der Verwendung der Wurzeln, in der Küche bieten Stängel und Blätter eine besondere Würze.

KULTIVIERUNG UND VERWENDUNG

Anbau
Samen im Herbst an einem sonnigen bis halbschattigen Standort in nährstoffreiche, eher feuchte Erde setzen; die Pflanze wird zweijährig kultiviert, sät sich aber regelmäßig selbst aus; im Herbst zurückschneiden

Ernte
Samen im Herbst; Wurzeln (Teile davon) im Frühjahr oder Herbst ausgraben, in kleine Stücke schneiden und flächig auf einem mit Papier ausgelegten Gitter trocknen; für die Verwendung als alkoholischer Auszug können auch frische, größere Wurzelteile verwendet werden

Verwendete Pflanzenteile
Samen, Wurzel, Blätter, Stängel

Inhaltsstoffe
ätherisches Öl, Cumarine, Bitterstoffe, Harze

Eigenschaften
entgiftend, appetitanregend, gallefördernd, schmerzstillend, wundheilend, krampflösend, magenstärkend

Verwendungsmöglichkeiten
die Wurzeln frisch oder getrocknet bei Verdauungsstörungen mit Magen-Darm-Krämpfen und Appetitlosigkeit als Tee, Tinktur oder Magenlikör; die Blätter in der Küche als Rohkost, für Wildspinat und Suppen; die Samen als Gewürz oder Teezutat; die Stängel als Süßspeise; auch in meiner Theriakmischung, das ist eine altüberlieferte Mischung aus als Gegengift bekannten Bitterkräutern, darf die Engelwurz nicht fehlen

Wie der Name schon sagt, wurde das Wissen um die Pflanze nach alter Überlieferung von den Engeln auf die Erde gebracht, und zwar in Zeiten höchster Not und schlimmer Epidemien. Man sagt ihr eine erstarkende und ermutigende Kraft in Notzeiten nach. Besonders ihre entgiftende Wirkung – physisch wie auch psychisch – gab ihr auch den Namen Giftwurze. In diesem Zusammenhang ist die Bezeichnung „Giftwurze" für den Einsatz als Antidot (Gegengift) zu verstehen. Grundsätzlich wirken die Samen, aber besonders die Wurzeln, sowohl als magenstärkendes, entkrampfendes wie auch schmerzlinderndes, tonisierendes, säuberndes und heilendes Wundkraut. Da die Wirkungsweisen aber überwiegend durch einen alkoholischen Auszug erzielt werden, sollte der normale Umgang mit Alkohol vorher abgeklärt werden – denn die Engelwurz hilft gegen Schwächezustände, aber nicht gegen Alkoholismus.
Bei der Anwendung und der Ernte von Engelwurz sollten wir darauf achten, dass die Pflanze lichtsensibel macht, d. h., Sonnenbäder oder ungeschützte Aufenthalte in der Sonne vermeiden. Bei der Ernte bitte Handschuhe tragen!

Checkliste

HILFT BEI FOLGENDEN BESCHWERDEN:

- ☐ Magen-Darm-Störungen, mit Krämpfen einhergehend
- ☐ Appetitlosigkeit
- ☐ psychischen Belastungen

Alle Pflanzenteile: Wurzeln, Blätter, Stängel, Samen.

Die Engelwurz kann eine Wuchshöhe von 3 m erreichen!

Im Fokus der Heilanwendungen steht die Wurzel, z. B. als Likör.

Die dicken Stängel der Engelwurz können wir kandieren, indem wir sie geschält in Zuckersirup aufkochen und auf einem Kuchengitter anschließend trocknen lassen. Aus den Blättern bereiten wir uns einen Salat oder, mit Quark vermischt, einen leckeren Brotbelag. Aus den in etwas Brühe gekochten Blättern zaubern wir einen Wildspinat. Bei diesen Zubereitungen kommen wir auf kulinarische Art an die Inhaltsstoffe der Pflanze.

WURZELTEE

1 TL getrocknete Wurzel der Engelwurz mit einer Tasse kaltem Wasser ansetzen und zum Sieden bringen; zwei Minuten ziehen lassen, abgießen und zwei bis drei Tassen täglich trinken; oder als Kaltansatz acht Stunden ziehen lassen und tagsüber schluckweise trinken. Wenn wir die sehr aromatische, frische Wurzel für Tee verwenden, benötigen wir die doppelte Menge an Droge. Ein Engelwurztee, egal ob er aus der getrockneten oder frischen Wurzel zubereitet wird, sollte immer ungesüßt und am besten als Aperitif getrunken werden. Er hilft, ebenso wie ein alkoholischer Auszug, bei Verdauungsstörungen mit Magen-Darm-Krämpfen sowie bei Appetitlosigkeit.

ALKOHOLISCHER AUSZUG

25 g getrocknete Wurzel der Engelwurz mit 1 l Doppelkorn drei Wochen im Hellen ausziehen lassen, abfiltrieren und eventuell mit 2 bis 3 EL Krümelkandis leicht süßen. Vor den Mahlzeiten ein bis zwei Schnapsgläser einnehmen.

GARTEN-KERBEL
— *Anthriscus cerefolium*

Das einjährige, bis zu 1 m hohe Würzkraut bildet von Mai bis August weiße Doldenblüten. Seine gefiederten Blätter dienen im Frühjahr als Entschlackungskur.

Kerbel gehört im Anbau zu den anspruchslosesten Kräutern überhaupt. Man muss lediglich die letzten Fröste abwarten, dann kann ab ca. Mitte Mai der Kerbel sogar im Rasen oder auch in Töpfen ausgesät werden. Schon nach sechs Wochen lassen sich die zarten, leicht nach Anis duftenden Blättchen ernten. Durch Nachsaat bis in den Frühherbst können wir das einjährige Kraut dann jederzeit für die Küche oder auch zu Heilzwecken frisch schneiden.

Die Trocknung des Kerbelkrautes ist nur professionell mit Hilfe von Trockenöfen möglich, sodass wir eine reiche Ernte besser einfrieren – denn die Kerbelsuppe im Winter ist auch heute noch eine echte Delikatesse.

Dass der Kerbel ein vorzügliches Würzaroma abgibt, wusste man schon im antiken Griechenland und wohl auch, dass die Körpersäfte damit sehr positiv beeinflusst werden können. Erst im Mittelalter kam das Kerbelkraut über Italien nach Deutschland, wo die Heilkraft ebenfalls schnell erkannt wurde. Es stand sogar unter dem Verdacht, den Frauen die „Blödigkeit" zu bringen, worunter man damals ihre „Blutigkeit" verstand. Heute nennen wir diese Wirkung menstruationsfördernd, das klingt besser!

KULTIVIERUNG UND VERWENDUNG

Anbau
Saatgut Mitte Mai direkt im Garten oder in Töpfe an sonnigen bis halbschattigen Standorten aussäen, Folgesaaten bis August; keine besonderen Bodenansprüche

Ernte
Blättchen bereits sechs Wochen nach der Aussaat

Verwendete Pflanzenteile
frische oder getrocknete Blätter

Inhaltsstoffe
Flavonoide, Bitterstoffe, ätherisches Öl, Eisen, Vitamine, Mineralstoffe

Eigenschaften
zusammenziehend, harntreibend, verdauungsfördernd, krampflösend, blutbildend und -reinigend, regt Leber und Galle an, menstruationsfördernd

Verwendungsmöglichkeiten
als Küchenkraut frisch für Salate, Gemüse, Suppen oder Smoothies, für die Verwendung in der Küche gibt es keine Dosierungsvorschriften; eine bis zwei Tassen Kerbeltee täglich regen Leber, Galle, Magen und Nieren an, ebenso die Regelblutung und die Blase; eine Entschlackungskur im Frühsommer sollte etwa drei Wochen dauern

Checkliste

HILFT BEI FOLGENDEN BESCHWERDEN:

- ☐ Verdauungsstörungen
- ☐ Leber-Gallen-Problemen
- ☐ Harnverhalten
- ☐ Nierenproblemen
- ☐ Regelbeschwerden
- ☐ unregelmäßigen Monatsblutungen
- ☐ Stoffwechselstörungen

Garten-Kerbel fühlt sich auch im Topf wohl.

Eine leckere Gemüsesuppe mit Garten-Kerbelblättern und -samen

Und verwenden das frisch aus dem Garten geerntete Kerbelkraut gerne für eine Entgiftungskur im Frühling bzw. Sommer und das in der sehr beliebten Rezeptur als grüner Smoothie oder Tee. Wir genießen während einer dreiwöchigen Kur am Tag ein bis zwei Becher davon. In der Küche veredelt das Würzkraut zudem frische Salate und junges Gemüse mit einer Mischung aus frischem Kerbel, Petersilie, Schnittlauch und Estragon. Magen, Leber, Gallenblase und Blase freuen sich über eine sanfte Anregung durch Bitterstoffe, Flavonoide, ätherisches Öl, Vitamine und Mineralstoffe. Aufgrund der entgiftenden, entlastenden und verdauungsfördernden Wirkung dieser Heilpflanze habe ich sie zu einem Hauptbestandteil meiner Arthrose-Teemischung herangezogen und die Erfolgsmeldungen meiner Kunden bestätigen die Wirkung.
Auch die Nerven zehren im wahrsten Sinne des Wortes von Kerbel, denn die Heilpflanze hilft auch im seelischen Bereich, wenn die Gefahr besteht, dass die anstehenden Aufgaben des Lebens sich anstauen, ins Stocken geraten und in der Folge einen dann blockieren, wenn es eigentlich darauf ankommt, am Ball zu bleiben! „Am Ball zu bleiben“ bedeutet in diesem Zusammenhang, konzentriert, unaufgeregt und beharrlich an einer gestellten Aufgabe zu bleiben und diese zu einem erfolgreichen Abschluss zu bringen. Zwei Tassen Kerbeltee täglich helfen. Für Speisen gelten keine besonderen Dosierungen.

STOFFWECHSELKUR

Für eine Stoffwechselkur zwei Tassen Kerbeltee täglich über einen Zeitraum von drei Wochen trinken. Dazu 1 EL getrockneten oder 2 EL frischen Kerbel pro Tasse aufbrühen und fünf Minuten ziehen lassen.

MEERRETTICH — *Armoracia rusticana*

Meerrettich blüht schön mit weißen Traubenblüten von Juni bis Juli. Die etwa 1,20 m hohe Pflanze ist an ihren großen, derben, tiefgrünen Blättern erkennbar, doch ihr Hauptnutzen liegt in ihrer scharfen Wurzel.

KULTIVIERUNG UND VERWENDUNG

Anbau
durch die schnelle Verbreitung der Wurzelausläufer in tiefgründigem Boden empfiehlt sich die Kultivierung in großen Mörtelkübeln, diese füllen wir bei der Pflanzung im Frühjahr mit lehmigem bis sandigem Substrat; sonniger bis halbschattiger Standort; regelmäßig wässern

Ernte
Wurzel im Herbst und Winter ernten und sofort verbrauchen oder in Sand einschlagen und bei etwa 4 °C in einem Erdkeller o. Ä. einlagern; die jungen Blätter ganzjährig

Verwendete Pflanzenteile
frische Wurzel, Blätter

Inhaltsstoffe
Vitamin C, Senfölglykoside, ätherische Öle, Kalium, Schwefelverbindungen

Eigenschaften
antibakteriell, stark durchblutungs- und verdauungsfördernd, hautreizend, krampflösend, schmerzlindernd

Verwendungsmöglichkeiten
Wurzel wird frisch gerieben als Zutat zu Fleischgerichten, Suppen, Soßen, Quark und Dips serviert (Abmilderung der Schärfe durch etwas Sahne oder Honig); Wurzelsalat gegen Infekte; Meerrettichwickel aus Wurzeln gegen Hexenschuss und Muskelverspannungen; die Blätter finden als Smoothie oder Pesto in der Küche Verwendung; Meerrettichsaft als Antibiotikum bei akuten, leichten Infekten; bitte beachten, dass durch Hitzeeinwirkung wertvolle Inhaltsstoffe verloren gehen können

Ich nenne den Meerrettich auch gerne „Heulwurzel“, da beim Reiben der frischen Wurzeln hoch dosierte Senfölglykoside ausgelöst werden und uns die Tränen in die Augen treiben. Wir sollten dennoch nicht auf den eigenen Anbau im Garten verzichten, denn die Produkte im Handel erreichen kaum das Aroma von eigenen Meerrettichkreationen. Besser bei der Zubereitung in der Küche eine schützende Taucherbrille aufsetzen, als auf den eigenen Anbau dieser scharfen Wurzel zu verzichten! Man sagt auch, dass Meerrettich heilendes Feuer mit sich bringt und Bakterien, Pilze sowie Viren keine Chance haben, sich krank machend zu vermehren, damit Kopf und Stimme „rein bleiben“ und nicht durch Infektionen in ihrer Funktion gestört werden. Durch die gefäßerweiternde Wirkung mit Speichel- und Tränenfluss werden Bakterien u. a. regelrecht ausgespült.

Checkliste

HILFT BEI FOLGENDEN BESCHWERDEN:

- ☐ Infekten
- ☐ Schnupfen
- ☐ Husten
- ☐ Muskelverspannungen
- ☐ Hexenschuss
- ☐ Verdauungsstörungen
- ☐ HNO-Beschwerden durch Sekretstau verursacht
- ☐ Kopfschmerzen
- ☐ kleinen Wunden
- ☐ Durchblutungsstörungen

Meerrettich zählt zu den wichtigsten Husten-Schnupfen-Kräutern, aber auch bei Harnwegsinfekten, Muskelverspannungen, Kopfschmerzen und Hexenschuss ist sein Einsatz gefragt. Bei Muskelverspannungen und Hexenschuss helfen Meerrettichwickel; Fersenspornschmerzen können mit einem Meerrettich-Quark-Umschlag behandelt werden (einen Becher Quark mit einem fingerdicken Stück geriebenem Meerrettich vermischen und 15 Minuten einwirken lassen). Meerrettichsaft (2 bis 3 EL täglich) eignet sich als natürliches Antibiotikum bei akuten, leichten Infekten.
Für alle Anwendungen gilt: nur frisch geriebenen Meerrettich verwenden, da bei Hitzeeinwirkung wertvolle Wirkstoffe verloren gehen.
In der Küche gilt er als verdauungsförderndes Gewürz für deftige Fleischgerichte. Ein einfacher Senf lässt sich durch die Zugabe von geriebenem Meerrettich veredeln. Den Schärfegrad können wir dabei selbst bestimmen. Smoothies dienen als kulinarische Fitmacher nach den Wintermonaten. Dazu frisch geriebenen Meerrettich mit Wasser oder Buttermilch und Äpfeln im Verhältnis 1:4 mixen.
Wenn wir uns für den Anbau von Meerrettich in unserem Heilgarten entschließen, sollten wir unbedingt die Verbreitungswut dieser Pflanze berücksichtigen und dieser z. B. durch Kübelpflanzung Einhalt gebieten, sonst besteht der Garten bald nur noch aus Meerrettich. Die im Herbst und Winter geernteten Wurzeln können mit Sand abgedeckt bei ca. 4 °C (z. B. in einem Erdkeller) für ungefähr ein Jahr gelagert werden. Wichtig ist, dass die Wurzel vor jedem Gebrauch frisch gerieben wird.

Meerrettichblätter sind hoch, dunkelgrün und glänzend.

BREIAUFLAGE/WICKEL

Dazu wird ein daumengroßes Stück Meerrettich gerieben (ca. 6 EL), auf ein Baumwolltuch gestrichen und auf der entsprechenden (schmerzenden) Stelle platziert. Der Wickel sollte 15 Minuten einwirken. Die Haut jeweils vor und nach der Anwendung gut eincremen oder -ölen. Sobald es brennt, wird der Wickel entfernt und die Haut gesäubert.

Meerrettichwurzeln werden vor der Verwendung frisch gerieben.

ECHTER WERMUT
— *Artemisia absinthium*

Die etwa 1 m hohe Staude ist im Heilgarten aufgrund ihrer graugrün gefiederten Blättchen, die bei Verdauungsstörungen helfen, beliebt und wird in der Küche als Gewürz bei fetten Speisen eingesetzt.

Es gibt verschiedene Möglichkeiten für Wermutansätze.

Wermutzweige sind ein guter Mottenschutz.

Die Bitternis des Lebens mit Bitter bekämpfen ist die zentrale Aufgabe von Wermut. So mancher Weltschmerz wurde Anfang des letzten Jahrhunderts mit der „grünen Fee", dem Absinthlikör, im wahrsten Sinne des Wortes weggekippt, denn dieser besteht aus Wermut, Fenchel, Anis, Zucker und natürlich Alkohol. Er wurde 1923 wegen seiner hirnschädigenden Wirkung, ausgelöst durch das enthaltene giftige Thujon, verboten. Absinthlikör war bis dahin eine Modedroge.

Das ist die weniger schöne Seite der Wermutmedaille. Aber die Hauptwirkung des Krautes beruht auf seiner lebensfördernden sowie geburtsfördernden Wirkung. Dazu gehört auch eine gute Verdauung, ebenso von seelischen Belangen, denn nur dann kann uns das Leben wieder „schmecken". Das meine ich wortwörtlich, denn das Gefühl der körperlichen und seelischen Leere verschwindet. Menschen, die allergisch auf Korbblütler reagieren, müssen jedoch auf Wermut verzichten.

Die Leben spendende Wirkung von Wermut ist Generationen von Hebammen bekannt, denn er wirkt wehenfördernd, je nachdem auch menstruationsfördernd – von einer alten Landfrau weiß ich, dass man Kühen nach dem Kalben einen Ei-

Checkliste

HILFT BEI FOLGENDEN BESCHWERDEN:

- ☐ Schwermut
- ☐ Leber-Gallen-Problemen
- ☐ Verdauungsstörungen
- ☐ Menstruationsstörungen

mer Wermuttee verabreicht hat, um die Nachgeburt zu fördern.
Für den alltäglichen Gebrauch dieses Bitterkrautes ist die Zubereitung als wässriger Auszug in Form von Tee sinnvoll, dieser kann auch als Aperitif gereicht werden. Auf diese Weise werden die Verdauungssäfte angeregt und das Essen wird besonders von Menschen mit Verdauungsschwierigkeiten besser vertragen. Da der Tee ziemlich bitter schmeckt, besteht auch nicht die Gefahr der Überdosierung. Als gallefördernde s„Gewürz" sind einzelne Blätter als Zutat in Bratensoßen zu empfehlen, diese sollten aber vor dem Servieren möglichst wieder entfernt werden. Wenn Sie gerne Erfrischungsgetränke mit „Mehrwert" servieren, kann in solch einem Getränk ein Blatt Wermut geschmackliche und gesundheitliche Aspekte bringen.
Beim Anbau im Garten müssen wir auf eine Stellung als Solitär achten, da der Wermut keine anderen „Götter" neben sich duldet, d. h., er ist sehr ausbreitungsfreudig und verdrängt andere Pflanzen in seiner Nähe. Vermutlich liegt es aber nicht nur an seinen stattlichen Ausmaßen, sondern auch an Wurzelausscheidungen. Eine Anzucht aus Samen ist nicht sinnvoll, da die Anzahl der daraus entstehenden Pflanzen den Bedarf ohne gezieltes Ausdünnen bei Weitem übersteigt. Zwei bis drei Pflanzen sind für die Verwendung ausreichend.

TEE

Etwa ½ TL getrocknete Wermutblätter pro Tasse, je nach Bitterempfindlichkeit, mit kochendem Wasser überbrühen und drei bis fünf Minuten ziehen lassen. Diesen Tee bei Appetitlosigkeit und Gallenbeschwerden eine halbe Stunde vor dem Essen ungesüßt trinken. Als Bitterteekur höchstens zwei- bis dreimal wöchentlich eine Tasse trinken.

MOTTENSCHUTZ

Den hohen Thujongehalt der Pflanze machen wir uns beim Einsatz als Mottensäckchen mit getrocknetem, zerriebenem Wermut (ergänzend eignen sich hierfür auch Rosmarin und Salbei) zunutze. Bücher und Holz können mit Wermut vor Ungezieferbefall geschützt werden. Dafür legt man ein bis zwei Zweige Wermut in das Buch oder in seine Nähe. Holz wird mit hoch dosiertem Wermuttee (2 EL pro Tasse) gestrichen.

KULTIVIERUNG UND VERWENDUNG

Anbau
Pflanzen in trockene Böden mit normalem Nährstoffgehalt an einen warmen und sonnigen Standort setzen; bei eher humosen und feuchten Böden ist Wermut sehr anfällig für schwarze Blattläuse; die Pflanzung sollte in ausreichend großem Abstand zu anderen Kräutern erfolgen, da diese sonst nicht überleben; leichte Vermehrung durch Teilung von Wurzelstöcken

Ernte
silbrig behaarte Blätter und gelbe Blüten der oberen Triebspitzen während der Blütezeit von Juni bis September sammeln und schnell an einem schattigen und warmen Ort trocknen; die zur Ernte der Blätter vorgesehenen oberen Triebspitzen bitte ganz abschneiden und dann erst die Blätter zum Trocknen abstreifen, so kann die Pflanze weitere Zweige bilden

Verwendete Pflanzenteile
Blätter, Blüten

Inhaltsstoffe
ätherisches Öl, Bitterstoffe, Thujon, Flavonoide, Vitamine

Eigenschaften
magen-gallenflussanregend, krampflösend, anregend (tonisierend), entzündungshemmend, appetitanregend, zusammenziehend, menstruationsfördernd, wehenfördernd
Achtung: Wermut sollte in keinen Fall überdosiert werden, d. h., die Anwendungen nur zeitlich begrenzt auf maximal 14 Tage durchführen, da die Pflanzen auch höhere Dosen an Thujon vorweisen (schwaches Pflanzengift).

Verwendungsmöglichkeiten
Blätter als Wermuttee bei Appetitlosigkeit, Gallenbeschwerden und Bitterkur, Tinktur oder Likör; in der Küche zum Würzen von Soßen und Getränken zur Anregung der Galle; Zweige als Mottenschutz

GÄNSEBLÜMCHEN — *Bellis perennis*

Das Gänseblümchen, auch Maßliebchen oder Tausendschön genannt, ist von März bis November ein unermüdlicher Dauerblüher. Die frisch gepflückten Blüten werden gerne zur Garnierung verwendet.

KULTIVIERUNG UND VERWENDUNG

Anbau
aus Beständen in Wiesen können wir einzelne Pflänzchen ausgraben und sie in Rasenflächen einpflanzen, sie vermehren sich dort von selbst; sonnige Standorte empfehlenswert; Vermehrung durch Wurzelteilung im Herbst

Ernte
Gänseblümchen gehören zu den Frühblühern, sodass bereits im zeitigen Frühjahr die Blüten und Blattrosetten geerntet werden können. Bei regelmäßigem Rasenschnitt (in Abständen) ist eine Ernte bis in den Frühsommer und danach wieder ab September möglich. In den trockenen und warmen Sommermonaten zieht sich das Gänseblümchen gerne zurück.

Verwendete Pflanzenteile
Blüten, Blätter

Inhaltsstoffe
Bitterstoffe, Saponine, Gerbstoffe, Flavonoide, Mineralstoffe, Vitamin C, Inulin

Eigenschaften
wundheilend, blutreinigend, harntreibend, stoffwechselanregend, entzündungshemmend, entschlackend, vitalisierend

Verwendungsmöglichkeiten
Blätter und Blüten in der Wildkräuterküche für Salate, Frühlingsquark und zum Garnieren; Blüten als Tee für die innerliche Anwendung als Blutreinigungskur und äußerlich als Waschung bei Hautleiden; Blätter als Auflage oder Waschung bei Hautleiden und Verstauchungen

Schon die Jüngsten unter uns kennen die kleinen, weißen Blümchen aus dem Rasen, aus denen sich Sträußchen für kleine Hände und Kränzchen für das Geburtstagskind herstellen lassen. Mit dem Namen *Bellis* wurden die Gänseblümchen als „schön" bezeichnet, wobei wohl eher die gefüllten Sorten, wie sie im Frühling in den Gärtnereien erhältlich sind, gemeint waren. Zu Heilzwecken dient uns jedoch immer nur das einfache, weiß blühende mit roten Blütenblätterspitzen ausgestattete Gänseblümchen, wie wir es von der Wiese kennen. In früheren Zeiten machten bereits Säuglinge die Bekanntschaft mit diesen Blümchen, und zwar innerlich angewendet als Tee gegen Milchschorf und äußerlich als Kompresse.
Man nennt das Gänseblümchen auch die kleine Schwester der Arnika, da es zu Brei verrührt gegen Prellungen, Quetschungen, Verstauchungen und kleine Schürfwunden hilft. Das Gänseblümchen wirkt stark stoffwechselanregend, sodass es sich sehr gut für eine Blutreinigungskur im Frühjahr

Checkliste

HILFT BEI FOLGENDEN BESCHWERDEN:

- ☐ Hautleiden
- ☐ Furunkulose
- ☐ Eiterungen
- ☐ Stoffwechselproblemen
- ☐ Verstauchungen, Quetschungen, Prellungen
- ☐ Wunden
- ☐ Gliederschmerzen
- ☐ Magen-Darm-Erkrankungen

eignet. Gänseblümchenblüten auf Butterbrot oder als Salatbestandteil sind in den letzten Jahren keine Seltenheit mehr, sodass die Kur auch optisch ein Erlebnis ist und sich der gesundheitliche Nutzen der Pflanze weit herumgesprochen hat. Eine Gänseblümchenkur kann innerlich und äußerlich angewendet werden – denn wahre Schönheit kommt von innen, besonders, was die Haut betrifft.
Durch Gänseblümchentee wird der Hautstoffwechsel angekurbelt, er wirkt vitalisierend, blutreinigend und entschlackend. Von außen behandeln wir unreine Haut mit einem Gesichtswasser aus Gänseblümchentee, indem wir ihn als Kompresse auflegen und 15 Minuten einwirken lassen.
Frische, zerdrückte Blätter dienen als Auflage bei Hautkrankheiten und Geschwüren. Sie können auch als Waschung angewendet werden.
Für unseren Heilgarten brauchen wir wahrscheinlich keine extra Aussaat, da sich die Gänseblümchen in Rasenstücken gerne von alleine einfinden, sodass wir getrost auf ihre Ankunft warten können. Sie geben uns dabei auch gleichzeitig Auskunft, wie das Wetter wird. Bleiben die Blütenköpfchen geschlossen, sollten wir unbedingt einen Schirm parat haben. Zudem lassen sich die nur 5 bis 15 cm hohen Gänseblümchen völlig problemlos in Kästen und Töpfen mit klassischen Begleitpflanzen pflegen.

Gänseblümchen stellen sich im Garten meist von alleine ein.

GÄNSEBLÜMCHENTEE

Aus den Blütenköpfchen der frischen Pflanze bereiten wir einen Hautstoffwechseltee für den innerlichen und äußerlichen Gebrauch. Dafür 2 TL Blüten mit 150 ml heißem Wasser übergießen und fünf bis sieben Minuten ziehen lassen. Anschließend abseihen und zweimal täglich eine Tasse trinken (vier Wochen lang).
Für den äußerlichen Gebrauch als Waschung können wir Gänseblümchentee sowohl aus den Blüten als auch aus den Blättern verwenden. Wir benötigen dafür jedoch die doppelte Menge an Pflanzenteilen. Diese werden mit 250 ml Wasser aufgekocht und nach zehn Minuten abgegossen. Wir können für die äußerliche Anwendung Blüten und Blätter auch mischen.

Gänseblümchenbrot als leckere blutreinigende Frühjahrskur

RINGELBLUME
— *Calendula officinalis*

Strahlend gelbe oder orangefarbene Blüten von Juni bis Oktober mit geringem Pflegeanspruch und einer wohltuenden Wirkung bei Hautproblemen und -entzündungen machen die Ringelblume zu einem beliebten Gartenkraut.

KULTIVIERUNG UND VERWENDUNG

Anbau
Aussaat im Frühjahr, vermehrt sich jedoch leicht selbst; sonnigen Standort geben ohne besondere Bodenansprüche; für buschigere Pflanzen regelmäßig verblühte Stängel ausknipsen

Ernte
Blütenköpfchen von Juni bis Oktober (Blütenblätter können dann einzeln ausgezupft werden); Blätter über den ganzen Vegetationszeitraum

Verwendete Pflanzenteile
Blüten mit Kelch, Blütenblätter ohne Kelch, Blätter

Inhaltsstoffe
Flavonoide, Carotinoide, ätherisches Öl, Saponine, Bitterstoffe, Schleimstoffe, Allantoin

Eigenschaften
krampflösend, immunstärkend, entzündungshemmend, gallensekretionsanregend, antiviral, antibakteriell, wundheilend

Verwendungsmöglichkeiten:
Blüten zum Verzieren von Speisen, als Blütenzucker, in Teemischungen, Kräuterbutter; Blätter für Leber-Gallen-Tee-Mischungen; getrocknete Blüten für Salben und als Öl bei Prellungen, Verstauchungen, Blutergüssen, schlecht heilenden Wunden, Geschwüren, Ekzemen, unreiner Haut, Lymphstauungen, Narbenwucherungen sowie für Umschläge und Bäder bei Hautirritationen und schlecht heilenden Wunden

Die Blütenköpfchen der Ringelblume erinnern uns an eine kleine Sonne, ihr Anblick stimmt uns freundlich. Ihre Blütenfarbe steht für Optimismus, Aufmunterung, Allwissenheit und die Kraft und Farbe der Sonne.
Der Name Ringelblume stammt wahrscheinlich von den geringelten und gekrümmten Früchten/Samen ab. Der lateinische Name *Calendula* bedeutet, dass sie als sogenannte Kalenderblume fast das ganze Jahr über blüht, sodass wir uns in unserem Heilgarten immer wieder über neue kleine Sonnen freuen können.

Checkliste

HILFT BEI FOLGENDEN BESCHWERDEN:

- ☐ Leber-Gallen-Störungen
- ☐ Verdauungsstörungen
- ☐ Magenschleimhautentzündung
- ☐ Hautkrankheiten
- ☐ verhärteten Narben
- ☐ schlecht heilenden Wunden
- ☐ Verstauchungen
- ☐ Prellungen
- ☐ Blutergüssen
- ☐ Krämpfen
- ☐ Regelbeschwerden
- ☐ Entzündungen der Schleimhäute
- ☐ leichten Verbrennungen
- ☐ Ekzemen
- ☐ Gelenkschmerzen
- ☐ Lymphstau

Die Ringelblume ist in erster Linie als Heilpflanze für den äußerlichen Gebrauch wirksam. Allen voran die Ringelblumensalbe oder das Ringelblumenöl. Beides sind sehr bewährte Rezepturen für den Einsatz bei Prellungen, Verstauchungen, Blutergüssen, schlecht heilenden Wunden, Windeldermatitis, Geschwüren, Ekzemen, unreiner Haut, Lymphstauungen und Narbenwucherungen.
Für den innerlichen Gebrauch können wir sie gegen Verdauungsstörungen, Leber-Gallen-Erkrankungen, Krämpfe, z. B. schmerzhafte Regel, Magenschleimhautentzündung, sowie als Herz- und Seelentröstertee einsetzen.
In der Küche können wir Teemischungen und diverse Speisen mit ihren Blütenblättchen aufhübschen. Auch eine leckere Ringelblumenbutter lässt sich aus ihren Blüten und Blättern zubereiten. Sie dient als Safranersatz, in Form von Ringelblumenzucker verfeinert sie Süßspeisen.
Ohne Ringelblumen würde sicher etwas in unserem (Garten-)Leben und dem der Bienen fehlen. *Calendula* macht es uns obendrein noch sehr leicht, sie als „Freundin" im Garten zu halten, denn sie sorgt mit ihrem Ringelsamen fleißig selbst für ihre Vermehrung – also eine Rundumsorglospflanze.

Ringelblumenblüten stehen im Sommer wie kleine Sonnen im Beet.

WOHLFÜHLTEE/ RUNDUMGUTTEE

1 EL ausgezupfte Blütenblätter pro Tasse mit 150 ml kochend heißem Wasser übergießen, fünf bis sieben Minuten ziehen lassen, dann abgießen und mit oder ohne Honig schluckweise zweimal täglich trinken. Als Verdauungstee eine Prise Schafgarbe und Melissenblätter pro Tasse hinzugeben.

RINGELBLUMENÖL

Für ein wundheilendes Ringelblumenöl in ein Schraubdeckelglas so viele Blüten (ohne grüne Teile) einfüllen, dass dieses zu ⅔ gefüllt ist. Das Ganze mit einem guten, kalt gepressten Pflanzenöl (z. B. Sonnenblumenöl) aufgießen und mindestens zwei, besser vier Wochen im Hellen ausziehen lassen.
Für die Zubereitung dieser Rezeptur haben sich getrocknete Blüten bewährt, da mit Frischware die Gefahr des Verderbens besteht. Das so entstandene Heilöl kann als Massageöl, Badezusatz oder als Bestandteil für eine Salbenzubereitung dienen.

RINGELBLUMENBAD

Das Ringelblumenöl in etwas Milch verrühren (4 EL Öl pro Vollbad) oder einen Sud aus 40 g Ringelblumenblüten mit 1 l kochendem Wasser übergossen, zehn Minuten ziehen lassen und abfiltriert ins Badewasser geben. Sehr gut bei entzündlichen Hautirritationen und schlecht heilenden Wunden.

ECHTER KÜMMEL
— *Carum carvi*

Der Echte Kümmel ist eine zweijährige, etwa 1,20 m hohe Pflanze mit markanten, weißen Doldenblüten von Mai bis Juni. Die Blätter duften aromatisch, die Samen/Früchte helfen als Gewürz und Tee bei Verdauungsbeschwerden.

KULTIVIERUNG UND VERWENDUNG

Anbau
Saatgut ab März/April oder im Spätsommer an Ort und Stelle in warmen, nahrhaften Boden aussäen; sonniger Standort empfehlenswert; alle zwei Jahre den Standort wechseln

Ernte
Die Ernte der Samen (Früchte) beginnt im Spätsommer im zweiten Standjahr, wenn die Samen gut ausgereift sind. Das ist an der hellbraunen Farbe zu erkennen. Zudem junge Blätter und Blüten.

Verwendete Pflanzenteile
Samen (Früchte), junge Blätter, Blüten

Inhaltsstoffe
ätherisches Öl, besteht bis zu 60 % aus Carvon, fettes Öl, Kohlenhydrate, Flavonoide, wenig Gerbstoffe, Eiweiß, Harz

Eigenschaften
krampflösend, blähungstreibend, adstringierend, verdauungsfördernd, entwässernd, antibakteriell, fördert die Milchbildung, erwärmend, harntreibend

Verwendungsmöglichkeiten:
als Gewürz für diverse Speisen (Currymischungen, Kohlgemüse, Backwaren, Teigmischungen, Salzgebäck); als Kümmeltee (1 TL gestoßene Kümmelsamen auf eine Tasse kochendes Wasser) bei Verdauungsproblemen und Entzündungen im Mund-Rachenraum; Stilltee; Likör- und Magenbitteransätze; junge Blätter und Blüten als Salatgewürz

Der Kümmel gehört zu den ältesten Gewürzen der Menschheit. Die Steinzeitfrau kochte bereits mit Kümmel und die ersten schriftlichen Anweisungen über den Gebrauch der Früchte wurden 4000 Jahre v. Chr. auf Tontäfelchen verewigt.
Bis auf den heutigen Tag wird der Kümmel als Gewürz und Heilmittel eingesetzt. Da der Echte Kümmel *(Carum carvi)*, auch Wiesen-Kümmel genannt, nur mit Kennerblick zu finden ist, lohnt sich der Anbau in unserem Heilgarten. Ein zusätzlicher Nutzen ergibt sich daraus, dass wir spezielle Kümmelsorten mit hohem Anteil an ätherischem Öl anbauen können.
Die vollreifen Kümmelsamen wirken magenstärkend, blähungstreibend, erwärmend, milchbildend und harntreibend. Die krampflösende und verdauungsfördernde Wirkung des Gewürzes wird besonders bei schwer verdaulichen Mahlzeiten geschätzt. Kümmeltee (1 TL gestoßene Kümmelsamen auf eine Tasse kochendes Wasser) kann

Abgerebelter reifer Kümmelsamen für Tee

Kümmelpflanzen entwickeln sich bei voller Sonne und wenig Platzanspruch auch in Pflanzengesellschaft sehr gut.

so manchen Magendämon nach üppigem Essen vertreiben oder als Stilltee den Milchfluss steigern und über diesen Umweg das Säuglingsbäuchlein vor Blähungen schützen. Generell wird durch den Gebrauch von Kümmel die Drüsentätigkeit, auch von Speicheldrüsen in Mund, Magen, Bauch und Galle, angeregt.

Kümmel wird als Gewürz in der Küche verwendet, besonders in Currymischungen. Backwaren wie Brot oder Salzgebäck werden durch die Zugabe von Kümmel in der Teigmischung bekömmlicher, aber auch Kohlgerichte und Zwiebelkuchen vertragen eine großzügige Dosis Kümmel.

Da es vielen Menschen nicht behagt, auf ganze Kümmelkörner in den Speisen zu beißen, rate ich dazu, die Samen kurz vor dem Gebrauch in einem Mörser anzustoßen. Das ätherische Öl, der Hauptwirkstoff der Pflanze, kann auf diese Art schneller wirken und man benötigt nur die Hälfte der Dosierung.

Auch in der Schnapsküche nimmt der Kümmel einen wichtigen Platz ein. Ein Aquavit-Ansatz, wie er in vielen Haushalten nach überlieferten Rezepten hergestellt wird, ist ohne Kümmel undenkbar.

Der bei uns verbreitete Kümmel, *Carum carvi*, gedeiht im Gegensatz zu seinem orientalischen Verwandten, dem Kreuzkümmel, auf unseren Gartenböden recht gut, sofern sie in voller Sonne liegen. Es gibt spezielle Sorten, die einen hohen Gehalt an ätherischem Öl ausbilden. Eine Wildform von Kümmel finden wir sogar in den Wiesen, aber eine Ernte lohnt sich nicht, da er nicht genügend Aroma entwickelt. Kümmel wird im zeitigen Frühjahr ausgesät und blüht ab Mai bis Juli meist in weißen Dolden. Die vollreifen Samen sind bei trockener und kühler Lagerung sehr lange haltbar.

Checkliste

HILFT BEI FOLGENDEN BESCHWERDEN:

- ☐ Verdauungsstörungen durch verminderte Drüsentätigkeit
- ☐ Bildung von zu wenig Muttermilch in der Stillzeit
- ☐ Blähungen
- ☐ Entzündungen im Mund-Rachenraum

RÖMISCHE KAMILLE
— *Chamaemelum nobile*

Die mehrjährige, etwa 30 cm hohe Römische Kamille zeigt von Juli bis September filigrane weiße Korbblüten mit gelbem Auge. Sie werden frisch oder getrocknet in Tees und Spülungen gegen Magen-Darm- und Schleimhautentzündungen eingesetzt.

KULTIVIERUNG UND VERWENDUNG

Anbau
Aussaat im Frühjahr oder Herbst, gefüllte Sorten nur über Stecklingsvermehrung; durchlässige, nährstoffreiche Böden ohne hohen Lehmanteil; sonniger Standort; nach der Blüte bzw. Samenreife zurückschneiden; winterhart, widerstandsfähig und ausdauernd

Ernte
Blütenköpfchen von Juli bis September; unbedingt auf trockenes Wetter achten, da eine zu lange Trocknungszeit bei zu feuchtem Erntegut leicht zu Schimmelbildung führt; Blüten im Schatten warm und zugfrei trocknen (nicht über 40 °C)

Verwendete Pflanzenteile
Blütenköpfchen gefüllt oder ungefüllt

Inhaltsstoffe
ätherisches Öl, Bitterstoffe, Flavonoide

Eigenschaften
leicht krampflösend, Magensäure anregend, antibakteriell, entzündungshemmend, blondierend, appetitanregend

Verwendungsmöglichkeiten
Tee bei Verdauungsstörungen, leichten Depressionen, Schlafstörungen, Gelenkschmerzen, Migräne, Übelkeit, Regelschmerzen und Schleimhautentzündung; als Haarspülung; für Bäder bei Muskelkater und Gelenkschmerzen; als duftende Kissenfüllung mit beruhigender Wirkung sowie für Potpourris; aus den Blüten wird ätherisches Öl gewonnen

Die Römische Kamille *(Chamaemelum nobile)* ist eine ganz besondere „Dame“ aus dem Kreis der Kamillenarten. Ihre dicht gefüllten Blütenköpfchen riechen nach Kamille, aber sie umschmeichelt uns zusätzlich mit einem süßlich-fruchtigen Unterton. Aufgrund dieser Eigenschaften ist sie sehr wertvoll für die Verwendung in Teemischungen, die optisch und gesundheitlich eine Aufwertung benötigen. Das gilt besonders für Kindertees. Was ihre Heilwirkung betrifft, so wird sie verwendet wie die bei uns allseits beliebte und bekannte Echte Kamille *(Matricaria recutita)*, deren Erkennungsmerkmal ein hohler Blütenkopf ist. Das ist sehr deutlich zu sehen, wenn wir die Blüte einer Echten Kamille durchschneiden (siehe auch Seite 139).
Die Römische Kamille – man vermutet, der Name kommt daher, dass die Römerinnen versucht haben mit Hilfe dieser Pflanze zu erblonden – steht als Heilkraut in dem Ruf, besonders

Checkliste

HILFT BEI FOLGENDEN BESCHWERDEN:

- ☐ Krämpfe, besonders der Verdauungsorgane
- ☐ Übelkeit
- ☐ Regelschmerzen
- ☐ Schleimhautentzündungen
- ☐ Gelenkschmerzen
- ☐ Migräne
- ☐ leichten Depressionen
- ☐ Wechseljahresbeschwerden

feinfühligen und dadurch überreizten Menschen eine wertvolle Hilfe zu sein. Aus den Blütenköpfchen bereiten wir uns daher gerne einen leicht nach Apfel schmeckenden Kamillentee zu, den wir als Gesundheitstee noch mit einigen Apfelstückchen verfeinern können. Auch Frauen in den Wechseljahren werden Tee aus Römischer Kamille als sehr wohltuend empfinden.
Mit der Römischen Kamille lassen sich im Garten schöne Duftrasen mit Apfelduft gestalten, aber wie es sich für „feine Damen" gehört, ist ein solcher Rasen natürlich nicht so trittfest wie ein robuster Fußballrasen. Einen kräftigen Rückschnitt nach der Blüte nimmt uns die Römische Kamille nicht übel, im Gegenteil, sie wächst danach umso kräftiger nach.
Durch ihren apfelähnlichen Duft eignet sich die Römische Kamille auch als Zutat für ein Duftkissen mit beruhigender Wirkung. Wir unterstützen diese noch durch die Zugabe von frischem Heu oder Honigklee, Zitronenmelisse und Eisenkraut. Mischungsverhältnis: 4 Teile Römische Kamille, 1 Teil Honigklee oder Heu, 1 Teil Zitronenmelisse, 1 Teil Eisenkraut.

Aus getrockneten Blüten bereiten wir uns einen Tee mit vielfältiger Heilwirkung.

KRAMPFLÖSENDER TEE

Dieser Tee regt die Magensäure bei Verdauungsstörungen durch zu wenig vorhandene Magensäure an. Dazu 2 EL getrocknete Blüten mit einer Tasse kochendem Wasser überbrühen und zehn Minuten ziehen lassen. Den Tee am besten vor den Mahlzeiten ungesüßt trinken. Die Teezubereitung hat sich auch bei leichten Depressionen mit krampfartigem Empfinden und Schlafstörungen bewährt. Gelenkschmerzen, Migräne, Übelkeit, Nervenschmerzen und Schleimhautentzündungen können wir ebenfalls behandeln.

Blüten der gefüllten Sorte 'Plenum'

HAARSPÜLUNG

Als Haarspülung zum Aufhellen von dunkelblonden Haaren ca. 20 g getrocknete Blüten mit ½ l kochendem Wasser übergießen, nach zehn Minuten als warme Spülung nach dem Haarewaschen einwirken lassen.

WEGWARTE
— *Cichorium intybus*

Die Wegwarte zeigt von Juli bis September tiefblaue Blüten. Sie gilt als Kraftmittel für den Magen sowie für die Seele und ist im Garten ohne besondere Ansprüche zu kultivieren.

Es gibt nur sehr wenige Kräuter, denen so mächtige Heilkräfte nachgesagt wurden wie der Wegwarte – besonders ihrer seltenen weißen Variante. Ob es darum ging, sich unsichtbar zu machen, gestohlene Wertsachen wiederzufinden oder um die Erfüllung von Mädchenträumen einen Mann zu finden.

KULTIVIERUNG UND VERWENDUNG

Anbau
Aussaat im Spätsommer oder Teilung der Wurzelstöcke im Herbst; an einem sonnigen Standort in kalkhaltige, lehmige Böden; im Herbst vollständig zurückschneiden

Ernte
Blüten ab Juli; Blätter den ganzen Sommer über für den Frischgebrauch; Wurzeln im Spätherbst

Verwendete Pflanzenteile
Blüten, Blätter, Wurzeln

Inhaltsstoffe
Bitterstoffe, Zimtderivate, Flavonoide, Zucker, Harz, Inulin, Gerbsäure

Eigenschaften
appetitanregend, beruhigend, sekretolytisch, harntreibend, verdauungsfördernd

Verwendungsmöglichkeiten
Blätter in Salaten und Gemüse sowie als Auflage für Schnittwunden; Wurzeln und Blüten für Tee; Tee auch äußerlich für Umschläge, Salbe aus der Wurzel bei Ausschlägen

Aus dieser einst so mächtigen Zauberpflanze – der verzauberten Jungfer mit den blauen Augen – entstanden schließlich die Wurzel-Zichorie (*Cichorium intybus* var. *sativum*) und der Chicorée (*Cichorium intybus* var. *foliosum*). Die Wurzel-Zichorie dient als Kaffee-Ersatz, der Chicorée als Salatpflanze (siehe auch Seite 48).
Die Wegwarte *(Cichorium intybus)* gilt als magenstärkend, lindert Schnittwunden (Blätter), Husten sowie Nierenleiden und wirkt bei Verstopfungen. Der Tee aus der Wurzel wirkt beruhigend. Die leberunterstützende Wirkung können wir uns mit Hilfe von Chicorée-Salat zugutekommen lassen oder als Wurzeltee mit magen- und gallensaftanregender Wirkung. Da die Wegwarte Inulin enthält, ist sie auch für Diabetiker geeignet. Als Salbe hilft die Pflanze bei Hautproblemen, Ausschlag und Ekzemen.
Die Blätter der Wegwarte bzw. des Chicorées werden in der Küche als delikates Bittergemüse

Checkliste

HILFT BEI FOLGENDEN BESCHWERDEN:

- ☐ Verdauungsschwäche von Magen und Leber
- ☐ schlecht heilenden Wunden
- ☐ Ausschlägen
- ☐ Hautirritationen
- ☐ Nervosität
- ☐ Verstopfung (Blütentee)
- ☐ Durchfall (Wurzeltee)
- ☐ Husten
- ☐ Nierenproblemen

Die Blüten der Wegwarte halten nur einen Tag, daher rasch ernten und trocknen.

verwendet. Sie dienen frisch geerntet als Zugabe zu Salaten, Gemüsegerichten und als Bestandteil von Wildspinat, zudem können sie als Einlage von Suppen und Soßen verwendet werden. Besonders gehaltvolle Gerichte werden durch die Zugabe von einigen Blättern bekömmlicher.
Die Wegwarte kommt verbreitet wild vor und stellt keine großen Bodenansprüche in unserem Garten, nur tiefgründig und nährstoffreich sollte er sein. Die Blüten halten nur einen Tag und sollten daher möglichst früh geerntet und schnell getrocknet werden. Die Wurzeln ernten wir im Herbst, wenn die oberirdischen Teile der Pflanze bereits eingetrocknet sind.

Wegwartenwurzeltee sieht aus wie Kaffee.

WURZELTEE

Dieser Tee wird aus der Wurzel zubereitet. Dazu 1 EL klein geschnittene Wurzeln mit 150 ml kaltem Wasser aufsetzen und einmal aufkochen. Anschließend fünf Minuten ziehen lassen. Bei Magen-Darm- sowie Leber-Gallen-Problemen zweimal täglich genießen.

WUNDAUFLAGE

Aus den Blättern ist eine Frischblätterauflage für Wunden empfehlenswert. Dafür die Blätter grob hacken, auf ein Baumwolltuch streichen und auf der Wunde mit einer Binde fixieren. Den Vorgang mehrmals wiederholen, dabei immer frisch zubereiten.

GEWÜRZ-FENCHEL — *Foeniculum vulgare* ssp. *vulgare* var. *dulce*

Imposantes Kraut fürs Staudenbeet, dessen aromatische Blättchen und Früchte als Würz- und Heilkraut für die ganze Familie wohltuend sind. Im Gegensatz zum Gemüse-Fenchel werden keine Knollen ausgebildet.

KULTIVIERUNG UND VERWENDUNG

Anbau
Aussaat im Frühjahr, sät sich auch leicht selbst aus sowie Teilung der Wurzelstöcke; nährstoffreiche, kalkhaltige, feuchte Böden, sonnige Standorte; reichlich gießen; frosthart, in ungünstigen Lagen jedoch Winterschutz erforderlich

Ernte
Samen (Früchte) ab September bis Oktober; die Dolden werden abgeschnitten, getrocknet und dunkel aufbewahrt; Blätter vor der Blüte ernten und frisch verwenden

Verwendete Pflanzenteile
Früchte/Samen, Blätter

Inhaltsstoffe
ätherisches Öl, fettes Öl, Flavonoide, Eiweiß, Salicylate, Vitamin C

Eigenschaften
entkrampfend, blähungstreibend, auswurffördernd, schleimlösend, keimhemmend, milchbildend, appetitanregend

Verwendungsmöglichkeiten
in der Küche die Früchte/Samen zum Würzen von Soßen, Backwaren, Würsten; feine frische Blätter zum Würzen von Fisch, Quark, Kräuterbutter, Kartoffeln, Salat; Samen für Tee und Fenchelhonig gegen Bronchitis und Husten; für Kompressen wird aus den Früchten ein doppelt dosierter Fencheltee bei schlecht heilenden Wunden verwendet

Fencheltee aus den gestoßenen Früchten des Doldenblütlers war schon im alten Ägypten, China und Arabien bekannt. Im Mittelalter wurde der Fenchel hoch verehrt, Abt Walahfrid Strabo von der Insel Reichenau und Hildegard von Bingen schätzten den Fenchel als süße und wohlschmeckende Arznei mit seiner großen Heilwirkung im Bunde der sonst eher bitteren Heilkräuter.
Auch heute noch ist der Fenchel ein Kraut für die ganze Familie und hat sich insbesondere in der Kinderheilkunde bewährt. Durch seine blähungstreibende und krampflösende Wirkung wurde und wird so manches Kinderbäuchlein von arger Pein befreit. Stillende Mütter trinken gerne Fencheltee mit etwas Anis und Kümmel ergänzt als Milchbildungstee. Väter bekommen nach dem Genuss von magenfreundlichem Ouzo, der bekanntlich aus Fenchel und Anis hergestellt wird, wieder gute Laune – und nach alter Überlieferung werden die „hängenden Mannsruten" wieder aufgerichtet.

Checkliste

HILFT BEI FOLGENDEN BESCHWERDEN:

- ☐ Magen-Darm-Schwäche
- ☐ Blähungen mit Kolik
- ☐ Krämpfen
- ☐ Bronchitis
- ☐ Husten bis Keuchhusten
- ☐ schlecht heilenden Wunden

Rötliche Blätter zeichnen den Bronze-Fenchel aus.

Feine Fenchelblüte

Eine Tasse Fencheltee tut gut bei Krämpfen.

Sollte die Familie von einer schweren Erkältung mit Bronchitis und Husten bis zu Keuch- und Krampfhusten heimgesucht werden, hilft Fenchel als Tee oder Honigzubereitung mit seinen schleimlösenden, auswurffördernden und entkrampfenden Heilkräften.

In gesunden Tagen, und das sind hoffentlich die meisten, genießen wir Fenchel als verdauungsfördernde Zutat in leckerem Gebäck oder als Gewürz in Speisen.

Der Fenchel bevorzugt warme, feuchte und kalkhaltige Böden. Es sind auch Sorten mit dekorativem, rötlichem Laub erhältlich (Bronze-Fenchel 'Rubrum'). Neben dem Gewürz-Fenchel, der auch als Tee-Fenchel bezeichnet wird, gibt es den bekannten Gemüse-Fenchel *(Foeniculum vulgare)*, dessen Knolle wir als typisches Fenchelgemüse kennen und die eine wertvolle Zutat in der Diätküche darstellt. Gewürz-Fenchel bildet keine Knollen!

FENCHELTEE

Für einen Tee gegen Bronchitis und Husten 1 EL Samen mörsern und mit ¼ l siedendem Wasser übergießen, zugedeckt fünf Minuten ziehen lassen und mehrmals täglich ein bis zwei Tassen davon trinken bzw. ins Fläschchen geben. Wir können Fenchel daher wirklich als Heilkraut für die ganze Familie sehen.

FENCHELHONIG

Für diese Anwendung 1 EL Fenchelsamen in eine Tasse Honig einrühren, leicht erwärmen (nicht kochen!) und ca. drei Tage in einem Schraubglas ziehen lassen; danach abfiltrieren. Davon mehrmals täglich 1 EL in eine Tasse Tee geben und trinken.

GUNDERMANN
— *Glechoma hederacea*

Die kleine, mattenartige Pflanze bezaubert mit herzförmigen Blättern und lippenförmigen Blüten. Ihr frisches Kraut dient uns im Alltag zur Versorgung von kleinen Schnittwunden.

KULTIVIERUNG UND VERWENDUNG

Anbau
Rasenflächen werden meist von selbst besiedelt, sonst durch Aussaat im Herbst oder Ausläufer in der freien Landschaft besorgen; Pflanzung am besten im Halbschatten unter Bäumen oder Sträuchern; benötigt viel Feuchtigkeit, um gedeihen zu können

Ernte
geerntet wird das frische Kraut vor oder während der Blüte im April/Mai; wir ernten nur die jungen Triebe, da die Blätter später derb und bitter werden

Verwendete Pflanzenteile
ganzes Kraut

Inhaltsstoffe
ätherisches Öl, Bitterstoffe, Gerbstoffe, Vitamin C, Mineralstoffe, besonders Kalium, Saponine, Flavonoide, organische Säuren

Eigenschaften
entzündungshemmend, harntreibend, schleimlösend, ausleitend, stoffwechselanregend

Verwendungsmöglichkeiten
frische Blätter als Gewürz, Salatzutat, für Kräuterbutter, Bratkartoffeln, als Auflage bei kleinen Wunden und Schnitten; junge Triebe und Blätter als Tee gegen Erkältungen, Blasenerkrankungen und Verschleimung der Lunge, auch für Bäder; die Tinktur zur Behandlung von Wunden; Blätter getrocknet für Teemischungen zur Stoffwechselanregung; die Blüten können als essbare Salatdekorationen verwendet werden

Gundermann oder Gundelrebe, wie dieses Kraut auch heißt, macht es uns Heilgärtnern insofern leicht, indem es sich einfach von alleine im Garten einfindet. Als anspruchsloser Bodendecker fühlt sich die Gundelrebe im Halbschatten unter Bäumen und Hecken, in Wiesen und Wäldern wohl, Hauptsache feucht! Sie bildet lange Wurzelausläufer, blüht im Frühjahr mit wunderschönen, blauvioletten Lippenblüten und verbreitet einen sehr eigenen Duft, der sie in letzter Zeit wieder auf die Teller der Liebhaber der Wildkräuterküche gebracht hat.
Es handelt sich um eine hoch geachtete, uralte germanische Heilpflanze und hat diesem Stamm wohl auch ihren Namen zu verdanken. „Gund" war die Bezeichnung für Eiter und andere giftige Körpersekrete, die durch eine Bleivergiftung verursacht wurden. So erklärt sich auch die Beliebtheit des Heilkrautes als Ausleitungsdroge in Zeiten, in denen noch aus Bleibechern getrunken wurde.
Als kräftig wirkende Arzneipflanze, die bei eitrigen Bronchialerkrankungen, eitrigen Wunden, Verschleimungen der Lungen bis hin zur Schwindsucht sowie gegen Entzündungen im Mund und bei Leber-Gallen- und Nierenbeschwerden eingesetzt wurde, war die Gundelrebe gerade in Zeiten, in denen all diese Krankheiten dem Glauben nach von Hexen verursacht wurden, sehr geschätzt. Sie gehörte damals zu den wichtigsten Zauberkräutern.
Heute schätzen wir die stark stoffwechselanregende Wirkung der Gundelrebe und bereiten uns deshalb im Frühling einen Wildkräutersalat aus den ersten grünen Blättchen vor der Blüte. Die jungen Blätter und auch die später erscheinenden

Die herzförmigen Blättchen helfen bei Schnittwunden.

Ein Frühlingssalat mit Gundelrebe und Kräutern.

lila Blüten haben einen pikanten, leicht scharfen und bitteren Geschmack, sodass sie sich auch als Zutat für Kräuterbutter, Bratkartoffeln und Kräuterpfannkuchen eignen. Die Verwendung der Gundelrebe in solch leckeren Frühlingsspeisen stärkt besonders nach einem dunklen, kalten Winter das vegetative Nervensystem sowie das Körpergewebe.

Kleine Schnitte und Wunden, wie sie im Alltag vorkommen können, lassen sich mit frisch aufgelegten Gundelrebenblättchen einfach beruhigen. Da wir immer nur das frische Kraut verarbeiten, bietet sich der Anbau im Garten an. Oft stellt es sich von alleine ein und breitet sich aus.

TEE UND TINKTUR

Aus jungen Trieben und Blättern wird ein Tee zubereitet, aus dem ganzen Kraut eine Tinktur für die Anwendungen außerhalb der Erntezeit.

Für die Tinktur wird ein Weithalsglas (200 ml) zu zwei Dritteln mit Gundelrebenkraut gefüllt und mit Doppelkorn aufgegossen. Einmal täglich schütteln und nach 14 Tagen abfiltrieren; im Dunklen lagern.

Der Tee wird aus 1 bis 2 EL Kraut (geerntet vor oder während der Blüte) mit 250 ml heißem Wasser zubereitet. Nach vier Minuten ziehen abfiltrieren und ungesüßt trinken. Als Teekur, z. B. als Ausleitung oder bei von starkem Durchfall begleiteten Magen-Darm-Entzündungen, trinkt man täglich ein bis zwei Tassen.

Checkliste

HILFT BEI FOLGENDEN BESCHWERDEN:

- ☐ Husten
- ☐ Stoffwechselstörungen
- ☐ Erkältungen
- ☐ Blasenerkrankungen
- ☐ eitrigen Wunden
- ☐ Verschleimung der Lunge

YSOP
— *Hyssopus officinalis*

Der Ysop ist eine bis zu 60 cm hohe Staude, die von Juni bis August blau blüht. Heutzutage wird das Kraut überwiegend als Gewürz verwendet und kann uns so bei Verdauungsproblemen unterstützen.

Bei Bienen ist der intensiv blau blühende Halbstrauch, der bereits seit dem frühen Mittelalter in unseren Gärten heimisch ist, sehr beliebt. „Das heilige Kraut", wie der Ysop in den orientalischen Ländern genannt und als das er in Frankreich verehrt wird, wurde aufgrund seiner blauen Blüten und des intensiven Dufts schon immer mit einer klärenden Wirkung auf Kopf und Atemwege in Verbindung gebracht.

Das ätherische Öl des Ysops befreit die Atemwege und erweitert den geistigen Bewusstseinshorizont von hochsensibel reagierenden Menschen – er gehört zu meinen Lieblingskräutern, weil er intensiv die Fähigkeit des geistigen Schaffens verstärkt und im übertragenen Sinn auch mal das Hirn durchpustet.

Als Tee, zubereitet aus dem getrockneten Kraut, hilft er bei Magen- und Darmstörungen, als Blasen- und Nierentee ist er harntreibend und die Verwendung als Hustentee kann zur Schleimlösung verwendet werden.

In der Küche sollte der Ysop immer als frisches Kraut verwendet werden, weil er in getrocknetem

KULTIVIERUNG UND VERWENDUNG

Anbau
Aussaat ab Mai in kalkhaltige, durchlässige, nahrhafte Böden an einem sonnigen Standort; in rauen Lagen Winterschutz ratsam; Rückschnitt im Frühjahr bis ins alte Holz möglich

Ernte
Triebspitzen mit den Blüten abschneiden, der Strauch kann sich so auch wieder gut verzweigen; Trocknen des Krautes für die Teeverwendung möglich

Verwendete Pflanzenteile
ganzes Kraut (nur unverholzte Pflanzenteile)

Inhaltsstoffe
ätherisches Öl, Flavonglykoside, Gerbstoffe, Cholin, Zucker, Harz, der Farbstoff Hyssopin

Eigenschaften
auswurffördernd, verdauungsfördernd, antibakteriell, krampflösend, stimulierend, harntreibend

Verwendungsmöglichkeiten
vornehmlich als frisches Gewürz mit verdauungsfördernder Wirkung; als Tee harntreibend, schleimlösend, blähungstreibend, als Auflage bei leichten Verrenkungen

Blühender Ysop für Mensch und Bienen

Blaue Ysopblüten für Salate, das ganze Kraut für Tee oder Ölansatz und die einzelnen Blätter als Gewürz

Zustand sehr stark an Aroma verliert. Der Ysop dient uns als Gewürzpflanze und beeinflusst mit seinem würzigen Geschmack die Verdauung sehr positiv.
Auf die häufig gestellte Frage meiner Kunden, wofür Ysop als Gewürz geeignet wäre, erkläre ich immer: für alle Gerichte, die auch Bohnenkraut vertragen. Dazu gehören helle Fleischgerichte wie Kalb oder Geflügel, aber auch Bohnengemüse, Eintöpfe, Suppen, Kräuterquark und -butter sowie frische Salate. Da der Ysop ein sehr kräftiges Gewürzaroma besitzt, ist es ratsam, sich bei der Zubereitung von Speisen zunächst vorsichtig heranzutasten, denn zu viel von diesem Gewürz kann so manches Gericht geradezu „erschlagen". Es sei denn, Sie verwenden die Blüten. Feine Rezepte wie Sommersalate, Gemüseplatten, Obstsalate und Tomatengerichte bestreue ich gerne mit den ausgezupften königsblauen Blüten von meinem Ysop. Sie können sich bestimmt vorstellen, wie die tiefblauen Blüten auf Tomatenscheiben leuchten. Die verdauungsfördernden ätherischen Öle, wie wir sie aus den Blättern kennen, sind ebenfalls vorhanden. Da die Konzentration jedoch viel geringer ist, kann man den Geschmack der Blüten eher als „fein" bezeichnen. Es gibt auch weiße und rosa blühende Sorten, aber Blau ist eben Blau! Alle fühlen sich im Kiesgarten gepflegt am wohlsten.

TEE

2 TL klein gehackter Ysop mit ¼ l kaltem Wasser ansetzen und erhitzen (bis zum Sieden); fünf Minuten ziehen lassen. Davon täglich zwei Tassen, z. B. als Hustentee, trinken. Der Tee hat sich auch als Erste-Hilfe-Tee bei Kreislaufschwäche bewährt.

Checkliste

HILFT BEI FOLGENDEN BESCHWERDEN:

- ☐ Verdauungsstörungen
- ☐ Magen-Darm-Erkrankungen
- ☐ Kopfschmerzen
- ☐ Husten
- ☐ Kreislaufprobleme

ECHTER LAVENDEL
— *Lavandula angustifolia*

Der etwa 60 cm hohe Strauch verströmt von Juni bis August mit seinen blauvioletten Lippenblüten ein mediterranes Ambiente. Darin befinden sich die wertvollen Inhaltsstoffe, die sich positiv auf Schlaf und Psyche auswirken.

Der botanische Name der Pflanze leitet sich von *lavare* ab und bezieht sich auf die Verwendung zum Baden und Waschen, denn bereits im antiken Rom dienten die Blüten in getrockneter Form zum Reinigen. Lavendelbäder sind auch heute noch beliebt, wirken sie doch schweißhemmend, antibakteriell und vor allem beruhigend. Lavendel *(Lavandula angustifolia)* ist das Mittel schlechthin für stressgeplagte, schlafgestörte, unausgeglichene, erschöpfte und überreizte Menschen. Durch seine beruhigende, ausgleichende und entspannende Wirkung vermag er uns einen kleinen Seelenurlaub zu schenken, ganz ohne Kofferpacken. Einfach zurücklehnen, den Duft des ätherischen Lavendelöls tief einatmen, entweder als Teeaufguss, Bad oder Duftkissen, die Augen schließen und an etwas Schönes denken – so kann Alltagsurlaub funktionieren!

Wenn wir manchmal im wahrsten Sinne des Wortes aus der Haut fahren könnten, d. h., wenn uns Insektenstiche, Akne, Schuppenflechte, Neurodermitis oder gar Verbrennungen das Leben schwer machen, hilft das ätherische Lavendelöl direkt an Ort und Stelle. Mit den ausgestreuten Blüten können wir zudem nervende Ameisen vertreiben. Weniger bekannt ist die verdauungsfördernde Wirkung der Lavendelblüten als Gewürz. Sparsam verwendet, z. B. in einer „Kräuter der Provence"-Mischung, macht es besonders mediterrane Gerichte wie Gemüse, Fisch und Lammfleisch delikat und bekömmlich. Aber auch unse-

Wie im Urlaub – ein blühendes, duftendes Lavendelfeld

Checkliste

HILFT BEI FOLGENDEN BESCHWERDEN:

- ☐ Störungen des vegetativen Nervensystems
- ☐ Schlafstörungen
- ☐ Kopfschmerzen
- ☐ Schwindel
- ☐ Verdauungsstörungen
- ☐ Gliederschmerzen
- ☐ leichte Verbrennungen
- ☐ Hautproblemen wie Akne, Neurodermitis, Insektenstichen und Schuppenflechte
- ☐ leichten Depressionen
- ☐ Überreiztheit

Ein willkommenes Geschenk – Lavendelsalz

re eher deftige Hausmannskost erfährt durch die Verwendung von wenigen Lavendelblüten als Gewürzzugabe eine geschmackliche und magenverträgliche Aufwertung.

TEE

Für einen entspannenden Lavendeltee, der auch die Verdauung unterstützt, ½ TL Lavendelblüten mit 150 ml kochendem Wasser überbrühen. Bei nervöser Unruhe abends eine Tasse trinken.

BAD

Für ein Lavendelbad 50 bis 60 g Lavendelblüten mit 1 l Wasser aufsetzen, zum Sieden bringen und nach zehn Minuten abseihen. Diesen Sud einem Vollbad zusetzen. Ein Lavendelbad ist besonders abends, nach einem anstrengenden Tag, eine entspannende und beruhigende Wohltat.

KULTIVIERUNG UND VERWENDUNG

Anbau
Vermehrung durch Aussaat im Frühling, Stecklinge vor der Blüte schneiden, Absenker im Sommer; magerer, kalkhaltiger Boden an einem trockenen und sonnigen Standort, der auch manchmal austrocknen kann; in rauen Lagen Winterschutz mit Reisig geben; im Frühjahr stärkere Einkürzung der Triebe empfehlenswert

Ernte
Die Blüten werden dann geerntet, wenn sich die ersten Blüten der Scheinähre öffnen, das ist von Juni bis August möglich. Dazu schneiden wir die Blütenstiele bis zum Blattansatz ab und hängen sie gebündelt als Sträußchen zum Trocknen auf. Die geschlossenen Blüten der Scheinähre öffnen sich während dieser Zeit und nur auf diese Weise erhalten wir schöne blaue Lavendelblüten mit einem hohen Anteil an ätherischem Öl. Die Blätter können ganzjährig, z. T. sogar im Winter, geerntet werden. Der ätherische Ölgehalt ist dann allerdings um ein Vielfaches geringer.

Verwendete Pflanzenteile
Blüten, Blätter

Inhaltsstoffe
ätherisches Öl, Cumarine, Gerbstoffe, Phytosterole, Flavonoide

Eigenschaften
ausgleichend, beruhigend, krampflösend, verdauungsfördernd, antibakteriell, kreislaufstützend, schweißhemmend, bei äußerlicher Anwendung auch entzündungshemmend für die Haut

Verwendungsmöglichkeiten
die Blüten innerlich als Tee gegen nervöse Unruhe sowie zur Unterstützung der Verdauung, äußerlich als Entspannungsbad; für ein beruhigendes Duftkissen füllen wir einen Kinderkissenbezug mit getrockneten Lavendelblüten; Lavendelblüten finden in der Küche als Gewürz Verwendung bei mediterranen Gerichten wie Fisch, Gemüse, Lamm und deftiger Hausmannskost (am besten kurz mitkochen lassen und danach wieder entfernen); Lavendelöl (fünf Tropfen ätherisches Öl mit 200 ml Trägeröl wie Olivenöl mischen) hilft bei Hautproblemen wie Akne, Neurodermitis und Schuppenflechte

LIEBSTÖCKEL
— *Levisticum officinale*

Die etwa 2 m hohe, starkwüchsige Staude fällt durch ihre großen, dunkelgrünen gefiederten Blätter in jedem Beet auf. Der an Maggi erinnernde Duft bereichert Speisen mit einer aromatischen Würze, für Heilzwecke wird die Wurzel verwendet.

KULTIVIERUNG UND VERWENDUNG

Anbau
Samen im Frühjahr aussäen oder im Herbst Wurzelstöcke teilen; in einen kalk- und nährstoffreichen Boden pflanzen, dieser kann sonnig oder halbschattig liegen, sollte aber für längere Zeit beibehalten werden, da sich die Pflanze so optimal entwickeln kann; im Herbst vollständig zurückschneiden

Ernte
Wurzeln im Herbst/Frühjahr; Blätter während des Sommers; Samen im Spätsommer

Verwendete Pflanzenteile
Wurzel, Blätter, Samen

Inhaltsstoffe
ätherisches Öl, Cumarine, Harze, Bitterstoffe

Eigenschaften
harntreibend, entwässernd, verdauungsfördernd, krampflösend, auswurffördernd, schleimlösend, appetitanregend
Achtung: Bei eingeschränkter Herz- und Nierentätigkeit ist die Anwendung von Liebstöckel nicht geeignet!

Verwendungsmöglichkeiten
Wurzeltee als Durchspülungstherapie; klein geschnittene Blätter oder in der Pfanne trocken geröstete Samen als Gewürz in Fleischbrühen, Soßen, Hackfleischgerichten, Aufläufen; Blätter als Geschmacksverbesserer in Teemischungen mitkochen; die Wurzeln als Badezusatz bei Gliederschmerzen; nicht benötigte Wurzelstückchen können als Suppengrün mitgekocht werden

Liebstöckel ist eine alte Kulturpflanze aus dem Iran. In Europa wurde sie, wie so viele andere Kräuter, erst in den Klostergärten kultiviert und hat sich dann rasch verbreitet. Ihr botanischer Name *Levisticum* leitet sich wohl von *Liguristikon* ab, da die Pflanze vermehrt in Ligurien anzutreffen war. Die deutsche Bezeichnung Liebstöckel hat sicher damit zu tun, dass das Kraut in vergangenen Zeiten zum Zwecke von Liebeszauber verwendet wurde. Frauen und Männer trugen das Kraut mit sich, um die gegenseitige Anziehung zu steigern. Für arzneiliche Zwecke wird heute die im zeitigen Frühjahr oder Spätherbst geerntete Wurzel verwendet. Da Liebstöckel zur Familie der Doldenblütler gehört, wozu auch der Sellerie zählt, ist die Wurzel ähnlich faserig aufgebaut, und man sollte bei der Ernte darauf achten, dass ein Teil der Wurzel erhalten bleibt, damit wir im Frühjahr und Sommer die leckeren Blätter und aromatischen Samen zu Würzzwecken ernten können. Neben der stark wassertreibenden Heilwirkung der Liebstöckelpflanze können auch Beschwerden wie Sodbrennen, Aufstoßen und Völlegefühl mit Hilfe der Liebstöckelwurzel behandelt werden.

Checkliste

HILFT BEI FOLGENDEN BESCHWERDEN:

- ☐ Entzündungen der ableitenden Harnwege
- ☐ Verdauungsstörungen
- ☐ Halsschmerzen
- ☐ Gliederschmerzen

Liebstöckel bildet viel Blattmasse, ideal also für ein Pesto.

Liebstöckelblätter für eingemachtes Gemüse

Da Liebstöckel *(Levisticum officinale)* über die Jahre immer größer und stattlicher wird, reicht eine Pflanze für einen ganzen Haushalt als Heilkraut und Gewürz. Ich gehe dem Liebstöckel im Herbst an die Wurzel, um sie gereinigt und klein geschnitten für einen stark wassertreibenden Blasentee im Notfall zur Hand zu haben. Arzneilich nicht benötigte Wurzelstückchen wandern in den Suppentopf, wo sie aber nicht weniger entwässernd wirken. Die Blätter der Pflanze können als Geschmacksverbesserer in Teemischungen Verwendung finden und nicht nur in der Suppe als Würze dienen. Probieren Sie doch auch einmal, Soßen, Aufstriche, Fleischgerichte, Quark und Kartoffelaufläufe damit fein zu würzen. Also alle Gerichte, die auch mit Sellerie und Petersilie gewürzt werden können. Da Liebstöckel viel Blattmasse produziert, kann auch ein Pesto zum Verfeinern diverser Speisen hergestellt werden.

Auch wenn wir das Kraut wegen seines Geschmacks immer noch als Maggipflanze kennen, suchen wir es als Zutat vergeblich in der bekannten Suppenwürze, die 1886 von Julius Maggi kreiert wurde. Der verdauungsfördernde Liebstöckel hilft eher, damit überwürzte Speisen zu vertragen.

WURZELTEE

Aus der Wurzel bereitet man einen Tee mit 1 TL zerkleinerter Wurzel pro Tasse, gießt mit heißem Wasser auf und lässt das Ganze 15 Minuten ziehen. Da Liebstöckelwurzeln nach Sellerie schmecken, kann das Wasser auch durch Gemüsebrühe ersetzt werden.
Als Durchspülungstherapie der ableitenden Harnwege trinken wir davon täglich dreimal eine Tasse.

ECHTE KAMILLE — *Matricaria recutita*

Die einjährige Echte Kamille ziert mit ihren filigranen Blüten von Juni bis Juli jeden Bauerngarten. Die Blütenköpfchen sind reich an ätherischem Öl und wirken gegen Bauch- und Halsschmerzen.

KULTIVIERUNG UND VERWENDUNG

Anbau

Samen (Achtung, sehr winzig!) Ende März an Ort und Stelle aussäen. Der Boden sollte eher trocken als feucht sein und in voller Sonne liegen, da die Pflanze bereits im alten Ägypten als Blume des Sonnengotts verehrt wurde, vermutlich auch deswegen, weil sie zu der Gruppe der Lichtkeimer gehört.

Ernte

Blütenköpfchen vom 3. bis 5. Tag nach dem Aufblühen pflücken und schnell trocknen, da die Inhaltsstoffe sonst rasch verfliegen. Achten Sie unbedingt auf trockene Witterung, auch ein bis zwei Tage vorher.

Verwendete Pflanzenteile

Blütenköpfchen, Blätter

Inhaltsstoffe

ätherisches Öl, Flavonoide, Cumarin, Schleimstoffe

Eigenschaften

entzündungshemmend, wundheilend, krampflösend, entspannend

Achtung: nicht als Haustee für jeden Tag geeignet, führt zu Schleimhautentzündungen, Schwindel, nervöser Unruhe

Verwendungsmöglichkeiten

Blütenköpfchen für Tee bei Magen- und Halsbeschwerden, Inhalationen bei Atemwegserkrankungen und Hautunreinheiten, Dampfbäder bei Erkältungen sowie Spülungen im Rachen- und Genitalbereich; Stiele und Blätter für Sitzbäder bei Hautunreinheiten; Kompressen und Spülungen bei Wunden und Hautunreinheiten, z. B. Pickel und Mitesser

Die „mütterliche Kamille" war schon immer ein Heilkraut für alle jungen und älteren Menschen, die sich beschützt und geborgen fühlen wollten. Ihr botanischer Name *Matricaria* leitet sich von *matrix*, der Gebärmutter, ab. Besonders Kindern und ihren Müttern stand die Kamille nahe, denn sie gilt und galt als eine der wichtigsten Heilpflanzen für die Krankheiten des Wochenbetts sowie zur Behandlung von Säuglingen und Kleinkindern. Ebenso der Querschnitt der Blüten symbolisiert ihre Kraft als mütterlich schützende Hülle. Kamillentee findet nach wie vor seine Anwendung bei akuten Magenbeschwerden und einem entzündeten Magen-Darm-Bereich. Die Bakteriengifte bei Infektionen werden durch Kamille entschärft und dies führt so zu einer schnelleren Heilung.

Auch die äußerliche Anwendung von Kamille in Form von Kamillenbädern, Kamillendampfbädern (Inhalationen), Kompressen und Spülungen

Checkliste

HILFT BEI FOLGENDEN BESCHWERDEN:

- ☐ akuten Magenbeschwerden
- ☐ Haut- und Schleimhautentzündungen
- ☐ bakteriellen Hauterkrankungen
- ☐ Hauterkrankungen im Anal- und Genitalbereich
- ☐ Nervosität
- ☐ Atemwegserkrankungen
- ☐ Erkältungen
- ☐ Säuglingskolik

Blühende Kamillenpflanzen für die Teeernte im Frühsommer

Das hohle Köpfchen ist gut erkennbar.

ist sehr effektiv, da die entzündungshemmenden Wirkstoffe auf diese Art und Weise an schwer erreichbare Stellen vordringen können, z. B. in die oberen Atemwege bei Husten und Schnupfen sowie in die unteren Regionen bei Hauterkrankungen des Anal- und Genitalbereichs.

Da die Kamille schon seit langer Zeit als sehr vielfältig einsetzbare Heilpflanze bekannt ist, besteht immer wieder die Gefahr der Überdosierung. So wohltuend ein Kamillentee bei akuten Magenbeschwerden auch sein kann, von einer Dauereinnahme als Haustee für jeden Tag ist dringend abzuraten, da dies zu Schleimhautentzündungen, Schwindel und nervöser Unruhe führen kann.

Der in Aufgussbeuteln erhältliche Kamillentee ist wegen seines geringen Wirkstoffgehaltes für arzneiliche Zwecke ungeeignet.

Die Aussaat der Kamille in unserem Heilgarten ist recht unkompliziert, da sie gerne als anspruchslose „Randfigur“ von Beeten in Erscheinung tritt – wie Mütter nun einmal so sind! Sie vermehrt sich gerne selbst, sodass wir im Idealfall lange Freude an ihr haben. Etwas schwieriger ist es mit der Ernte. Dafür müssen wir schnell sein, weil sich das ätherische Öl in der Pflanze rasch verflüchtigt. Der dritte bis fünfte Tag nach dem Aufblühen ist der richtige Erntezeitpunkt, da in dieser Zeit die meisten Wirkstoffe ausgebildet werden. Zudem muss es trocken sein, damit die Trocknungszeit der Blütenköpfchen so kurz wie möglich gehalten werden kann.

TEE

Bei Magenbeschwerden 1 gehäuften EL Kamillenblüten mit einer Tasse heißem Wasser überbrühen und nach fünf bis acht Minuten abseihen. Ein bis zwei Tassen im Akutfall davon trinken, eventuell noch eine Tasse zur Nachbehandlung maximal eine Woche lang.

Mit dieser Teerezeptur können auch Kompressen getränkt und Spülungen bei Wunden durchgeführt werden. Als Mundspülung ist es möglich, Hauterkrankungen in der Mundhöhle bzw. Zahnfleischentzündungen zu behandeln.

DAMPFBAD

Für ein Kamillendampfbad bei Erkältungen und Hautunreinheiten eine Hand voll Kamillenblüten in ein Gefäß geben und mit 1 l kochendem Wasser übergießen. Die heißen Dämpfe, abgedeckt mit einem Handtuch, etwa fünf bis zehn Minuten einatmen.

MELISSE
— *Melissa officinalis*

Die ausdauernde, etwa 1 m große Melisse macht sich gerne in unseren Gärten breit. Ihre Blattfülle nutzen wir für Entspannungsbäder und Tees.

Die Zitronenmelisse wächst in jeder sonnigen Gartenecke.

Melissentee sorgt für einen entspannten Tagesausklang.

Die Melisse, auch Zitronenmelisse genannt, war eines der meistgeschätzten Heilkräuter in den Klostergärten des Mittelalters und nimmt bis auf den heutigen Tag einen wichtigen Platz in unserem Heilpflanzensortiment ein. Gerade heutzutage weiß man ihre nervenberuhigende, krampflösende, aufheiternde und einschlaffördernde Wirkung zu schätzen.

Melissenblätter können frisch als Tee und in Form von Kräuterbädern angewandt werden. Der Zitronenduft und -geschmack ihrer Blätter macht die Melisse zudem als Würzpflanze für Salate, Kräuterlimonaden, Sirup und vielerlei Desserts interessant. Frische Melissenblätter können auch problemlos in Eiswürfelformen eingefroren und so ganzjährig für Melissenrezepturen verwendet werden. Die Blätter vor der Blüte ernten, da sie dann an Geschmack verlieren.

Melisse bedeutet auf Griechisch „Honigbiene" und die Pflanze ist aufgrund des zitronigen Duftes auch bei diesen nützlichen Tieren als Nah-

Checkliste

HILFT BEI FOLGENDEN BESCHWERDEN:

- ☐ Nervosität
- ☐ Regelschmerzen
- ☐ Kopfschmerzen
- ☐ Migräne
- ☐ Krämpfen
- ☐ Neuralgien
- ☐ Einschlafstörungen
- ☐ Insektenstichen

rungsquelle sehr beliebt. Die Imker verhindern durch Abreiben ihrer Bienenstöcke mit Melissenblättern außerdem ein Ausschwärmen ihres Volkes, bei Stichen sorgen diese für Linderung. Wenn wir die Zitronenmelisse in unserem Garten ansiedeln möchten, freut sie sich über einen durchlässigen und eher feuchten Boden, der auch im Halbschatten liegen kann. Wenn es ihr dort gefällt, wird sie sich nicht mehr so schnell vertreiben lassen und an vielen Stellen des Gartens zu finden sein. So mancher Kräutergärtner hat mir schon von dem unkrautähnlichen Verhalten der Melisse sein Leid geklagt. Die Blätter können wir aber ideal nutzen und nervenstärkend als Melissenbad einsetzen.

BAD

Eine Hand voll Melissenzweige klein schneiden und mit 1 l kochendem Wasser übergießen, zehn Minuten ziehen lassen und diesen Sud dem Badewasser zusetzen. Nach solch einem Melissenbad am Abend und einer Tasse Melissentee können wir den Tag nervengestärkt ausklingen lassen.

TEE

Für einen ausgleichend wirkenden, das vegetative Nervensystem stärkenden und stresslösenden Melissentee 1 EL Blätter pro Tasse mit heißem Wasser übergießen und nach fünf Minuten absieben. Mit ein bis zwei Tassen Tee am Morgen und Abend sind wir für die Herausforderungen des Lebens gewappnet. Er entkrampft den nervösen Magen, hilft bei Spannungskopfschmerzen und Migräne, entkrampft bei Regelbeschwerden und lindert Schmerzen.

WÜRZZUCKER

20 g getrocknete Melissenblätter mit 1 kg Zucker mischen und portionsweise im Mörser verreiben, bis eine gleichmäßige Mischung entsteht; sofort in ein gut schließendes Gefäß füllen. Dieser Würzzucker eignet sich für viele leckere Melissenrezepte.

KULTIVIERUNG UND VERWENDUNG

Anbau
eine einmal gesetzte Melissenpflanze neigt zur Selbstaussaat und sorgt somit für genügend Exemplare im Garten; Wurzelstockteilung im Herbst möglich; nahrhafte, frische Böden an einem sonnigen Standort; Rückschnitt ein- bis dreimal im Jahr

Ernte
Die Ernte sollte sich im ersten Jahr auf einzelne Blätter im Sommer beschränken, damit die Pflanze an Kraft gewinnt, erst im Folgejahr können dann ganze Zweige geschnitten werden. Die Blätter werden während einer Trockenperiode vor der Blüte geerntet, nicht zerkleinert oder verletzt, und rasch an einem sehr warmen Ort getrocknet. Nur so lässt sich das heilkräftige ätherische Öl in der Pflanze konservieren.

Verwendete Pflanzenteile
Blätter, ganzes Kraut vor der Blütezeit (Juni bis August)

Inhaltsstoffe
ätherisches Öl, Bitterstoffe, Gerbstoffe, Flavonoide, Harz, Schleim, Saponin

Eigenschaften
krampflösend, antiviral, beruhigend, ausgleichend

Verwendungsmöglichkeiten
Blätter für Tee bei nervösem Magen, Spannungskopfschmerzen, Migräne, Regelbeschwerden; als Blattauflage bei Insektenstichen; ganzes Kraut für Bäder mit ausgleichender, beruhigender Wirkung; in der Küche als Gewürz, für Erfrischungsgetränke, Eis, Salate pikant und/oder süß, Pesto, Sirup u. a.

MELISSENBOWLE

In eine 1-l-Flasche mit weitem Hals fünf bis acht Melissenzweige geben und die Flasche mit Apfelsaft auffüllen. Über Nacht stehen lassen und am nächsten Tag abfiltrieren. Der Melissen-Apfel-Saft-Auszug dient nun als Basis für eine Bowle (mit Sekt oder Wein aufgegossen) oder mit Mineralwasser verdünnt als Erfrischungsgetränk auch für Kinder.

PFEFFERMINZE — *Mentha × piperita*

Die Pfefferminze zeigt von Juli bis August hübsche rosa Blütenstände und breitet sich rasch im Garten aus. Ihre Blätter enthalten einen hohen Anteil an Minzöl, das uns mit seiner entkrampfenden Wirkung im Magen guttut.

Wie die Melisse gehört auch die Pfefferminze (*Mentha × piperita*) zu den am häufigsten angebauten Teekräutern in unseren Gärten. Das Artenspektrum der Minzen mit unterschiedlichen Aromen reicht von Apfelminze, Ananasminze, Grapefruitminze, Mojitominze über Orangenminze bis Schokominze, um nur einige zu nennen. Ein breites Angebot mit Tee-, Küchen- und Räucherminzen finden Sie bei spezialisierten Kräutergärtnerein.
Häufig werden die Blätter mit weiteren Zutaten wie der Zitronenmelisse zu einem Wohlfühltee für den täglichen Genuss gemischt. Solch ein Tee schmeckt dann minzig-zitronig erfrischend und tut einem stressgeplagten, zu Übelkeit und Erbrechen neigenden Magen gut. Er hilft zudem bei Blähungen, erfrischt die Atemwege und lässt uns wieder besser durchatmen.
Die Pfefferminze kann pur als Tee getrunken auch bei Schwangerschaftserbrechen empfohlen werden. In Leber- und Gallentees sorgt ein Pfefferminzanteil für Gallenproduktion und -abfluss in der Leber, sodass auch in diesem Fall rasche Linderung der Beschwerden wie Übelkeit und Völlegefühl erfolgt. Durch die kühlende und kreislaufstützende Wirkung des Menthols, das bis zu 60 % im ätherischen Öl der Pflanze enthalten ist, kann eine Tasse mit warmem Pfefferminztee selbst an heißen Sommertagen eine beliebte Erfrischung sein. Auch der häufig in Mitleidenschaft gezogene Kreislauf wird mit dem ätherischen Öl der Pfefferminze unterstützt, sodass wir uns wieder rundum wohlfühlen. Menthol oder Pflanzenauszüge aus Pfefferminze sind ein wichtiger Rohstoff für die Süßwaren-, Pflegeprodukte- und Parfümindustrie.

01

01 Hier sehen Sie die oberen Triebspitzen der Pfefferminze mit ihren paarweise angeordneten Blättern. Diese werden geerntet und unzerkleinert getrocknet.

02 Eine Äskulapnatter aus Metall bewacht den Inhalt dieses Glases. Der Pfefferminztee schmeckt kalt und warm besonders während der Sommermonate.

03 Limonade mit feinem Minzaroma

02

03

01

03

04

02

01 Ein eindeutiges Merkmal der Minzesorte 'Multimentha' sind die lila überlaufenen Stiele der Pflanze. Eine robuste Minze mit köstlichem, kraftvollem Teearoma!

02 Die Ananasminze gehört ebenfalls zur Familie der Minzen. Man erkennt sie am Duft und den weiß panaschierten Blättern.

03 Eine weitere Minzeart ist die Krauseminze, zu der auch die aromatische Marokko- oder Nanaminze gehört.

04 In der Familie der Minzen gibt es sehr viele Sorten, die genauso vielfältig zu verwenden sind, z. B. im Garten als Strukturpflanze. Hier sehen wir die rundblättrige Orangenminze.

Checkliste

HILFT BEI FOLGENDEN BESCHWERDEN:

- ☐ Verdauungsstörungen
- ☐ Spannungskopfschmerzen
- ☐ Schwangerschaftserbrechen
- ☐ Leber-Gallen-Probleme
- ☐ Sodbrennen
- ☐ Krämpfen
- ☐ Blähungen
- ☐ Übelkeit

Im Sommer hat die Pfefferminze nach meiner Erfahrung sowieso ihre „Hochsaison“: Kalte Erfrischungsgetränke, Sorbets, Eistee und auch in manch berühmtem Longdrink-Rezept darf die Pfefferminze nicht fehlen. Selbst eingefleischte Stadtmenschen ohne Garten pflegen liebevoll ihre Pfefferminzpflanze am Fenster oder auf dem Balkon, weil sie nicht auf die Pflanze und ihre vielfältigen Verwendungsmöglichkeiten verzichten möchten. Pfefferminzblätter werden auch gerne als Würzkraut in der Küche verwendet und machen Salate, Suppen, Gemüse, Eintöpfe, Quark, Weichkäse und Fischgerichte nicht nur delikater, sondern auch bekömmlicher. Dabei können wir uns ganz und gar von unserem Geschmack leiten lassen. Ein bis zwei Blätter reichen meist aus, um ein Gericht aufzupeppen. Das gilt übrigens auch für eine ganze Reihe von Desserts. Denken Sie dabei an Schokoladenrezepte, Eis, frische Obstsalate, Cremes oder Sahne. Unter diesem Aspekt ist es wirklich schön von der Pfefferminze, dass sie sich so gerne ausbreitet – wir brauchen sie!
Wenn wir die Echte Pfefferminze im Garten anbauen möchten, ist das nur über Wurzelteilung oder Jungpflanzen aus der Gärtnerei möglich, da die Pflanze aus einer Kreuzung der Wasser-Minze *(M. aquatica)* und Krause Minze *(M. spicata)* entstanden ist und so bei der Samenvermehrung zu spontanen Veränderungen neigt. Alle Minzearten und -sorten haben einen ausgeprägten Verbreitungsdrang, sodass wir ihnen alljährlich Einhalt gebieten müssen oder sie gleich in Kübeln kultivieren.

KULTIVIERUNG UND VERWENDUNG

Anbau
Wurzelteilung im Herbst, in sauer-tonigen, feuchten Boden an einem sonnigen bis halbschattigen Standort setzen; Wurzeln gelegentlich reduzieren, am besten Rhizomsperre gegen Ausbreitung der Sprossausläufer einbauen oder im Kübel kultivieren

Ernte
ganze Stängel vor der Blütezeit (Juli bis August); die Blätter möglichst unversehrt abzupfen und rasch, flächig ausgebreitet an einem warmen Ort trocknen; für die Frischverwendung können bei Bedarf immer einzelne Blätter geerntet werden

Verwendete Pflanzenteile
Blätter vor der Blüte

Inhaltsstoffe
ätherisches Öl, Flavonoide, Gerbstoffe, Bitterstoffe, Enzyme

Eigenschaften
erfrischend, kühlend, magenberuhigend, galleflussfördernd, entzündungshemmend, entkrampfend, stoffwechselanregend

Verwendungsmöglichkeiten
Blätter als Tee getrocknet oder frisch; für unzählige Gewürz- und Küchenrezepte

PFEFFERMINZTEE

Für einen Pfefferminztee 2 EL frische Blätter oder 1 EL getrocknete Blätter unmittelbar vor Gebrauch grob zerkleinern und mit einer Tasse heißem Wasser übergießen, zehn Minuten ziehen lassen und ungesüßt trinken.
Der Tee hilft bei akuten Magenproblemen mit Übelkeit, Erbrechen und Verdauungsstörungen durch Gallenstau in der Leber. Dreimal täglich eine Tasse Tee ist in diesen Fällen die richtige Dosierung. Bei Brechreiz reicht bereits eine Tasse langsam, schluckweise und warm getrunken. Der Dauergebrauch von Pfefferminztee ist wie bei der Kamille nicht zu empfehlen!

BASILIKUM — *Ocimum basilicum*

Basilikum gehört zu den beliebtesten Kräutern in unserer Küche. Wir geben diesem Blattkraut den wärmsten Platz in unserem Garten oder kultivieren in Töpfen, damit wir seine Wirkung bei Magen- und Darmerkrankungen nutzen können.

Basilikumpflänzchen sind im Jugendstadium bei Schnecken beliebt.

Wenn wir uns wieder einmal ein Töpfchen Basilikum *(Ocimum basilicum)* aus dem Supermarkt holen, werden wir wahrscheinlich erneut feststellen, dass die Sämlinge viel zu dicht stehen und sich daher nicht entfalten können (im wahrsten Sinne des Wortes) und sich so nur zum Sofortverbrauch eignen. Das muss allerdings nicht sein, denn das „Königskraut“, wie es auch genannt wird, hat wahrlich Besseres verdient! In einem Gartenhaushalt finden sich eigentlich immer leere Pflanzgefäße oder Kästen, in die wir die stark ge- und bedrängten Basilikumpflänzchen umtopfen können. Sie belohnen unsere Mühe mit stattlichem Wachstum und Blüte, sodass wir aus einem Töpfchen den Basilikumbedarf für ein ganzes Sommerhalbjahr decken können. Die Pflanzgefäße lassen sich dann auch schneckensicher platzieren. Ich habe die Erfahrung gemacht, dass größere und gut entwickelte Basilikumpflanzen die nächtlichen Schneckenattacken auch im Beet überleben, vermutlich verändert sich dann der Geschmack (als Fraßschutz) so sehr, dass den Schnecken wohl der Appetit vergeht. Ich habe das besonders bei den rotblättrigen Basilikumarten festgestellt.

Checkliste

HILFT BEI FOLGENDEN BESCHWERDEN:

- ☐ Verdauungsstörungen aufgrund verminderter Magendrüsentätigkeit
- ☐ Magen-Darm-Infektionen
- ☐ Blähungen

Tomatenwürze mit Basilikum und Meersalz

KULTIVIERUNG UND VERWENDUNG

Anbau
als Topfpflanze oder Aussaat im März auf der Fensterbank, später in nahrhaften Boden an einen windgeschützten, warmen Platz setzen; regelmäßig gießen und düngen, Staunässe vermeiden; Blütenansätze entfernen, um buschigen Wuchs zu fördern

Ernte
junge Blätter bei Bedarf

Verwendete Pflanzenteile
Blätter

Inhaltsstoffe
ätherisches Öl, Flavonoide, Saponine, Gerbstoffe

Eigenschaften
verdauungsfördernd, antibakteriell, entblähend, schlaffördernd

Verwendungsmöglichkeiten
in der Küche als Würzkraut zu Gemüse, Salaten, Fleischgerichten, für mediterrane Gerichte, in Pesto und für Süßspeisen; als Tee, warmer Wein und Likör gegen Verdauungsbeschwerden

Wenn wir mit Basilikum würzen, tun wir unserem Magen etwas Gutes, besonders bei einer üppigen Speisenauswahl am Buffet, wenn die Augen manchmal größer sind als der Magen. Die Klostermedizin schätzt Basilikum als nützlich für Kopf und Sinne, zudem soll es das Herz erquicken. Vielleicht ist Basilikum deshalb heutzutage so gefragt.
Basilikum wird in der Regel als einjähriges Kraut gepflegt und ist mit seinem lieblich würzigen Duft besonders in der mediterranen Küche beliebt. (Thai-Basilikum wird sehr geschätzt zum Würzen asiatischer Speisen, beispielsweise Curry). Aber auch als Tee oder Likör entfaltet Basilikum seine wohltuende Wirkung. Es gibt klein- und großblättrige Sorten, die großblättrigen eignen sich gut für Likör.

TEE

Für einen Basilikumblättertee zur Verdauung 2 EL frische Blätter (klein gehackt) mit 150 ml heißem Wasser übergießen und nach fünf Minuten abfiltrieren; bei Bedarf mit etwas Salz würzen. Das Rezept kann auch mit warmem Wein zubereitet und mit Honig gesüßt werden.

LIKÖR

Für einen Basilikumlikör ca. 20 g frisches Kraut in einer hellen Flasche mit Obstler ansetzen und ca. drei Wochen im Hellen ausziehen lassen. Danach abfiltrieren und ebenfalls mit Honig (etwa 3 EL pro Liter) süßen. Hilft gegen Völlegefühl.

PETERSILIE
— *Petroselinum crispum*

Bekanntes Küchenkraut, das wir zweijährig im Garten pflegen. Im Juni wird das üppige Grün von unscheinbaren Blüten begleitet. Die Wurzeln helfen gegen Blasenentzündungen.

Bis Petersilie keimt, braucht der Gärtner etwas Geduld.

Glatte und Krause Petersilie

Früher hießen die Gassen rund um die Bordelle in Paris Petersiliengassen, denn mit hohen Dosierungen von Petersiliensamen wurde damals abgetrieben. Der Inhaltsstoff, der dazu führt, ist das giftige Apiol, er kommt überwiegend in den Samen vor. Aufgrund dieser giftigen Substanz sind Petersiliensamen für Schwangere auch in therapeutischen Mengen tabu.

In heutigen Zeiten nutzen wir die gesundheitsfördernde Wirkung des Krautes, als Wurzeltee zubereitet, gezielt gegen Blähungen und Blasenprobleme. Durch viele Vitamine und Mineralstoffe stärkt ein Tee aus frischer Petersilie zudem das Gehirn sowie das Gedächtnis; von Hildegard von Bingen ist ein herzstärkender Petersilienwein bekannt. Die Petersilie befindet sich auf den Tellern und Buffetplatten der ganzen Welt und ist somit eine der häufigsten Würzpflanzen in der Küche. Am besten schmeckt sie natürlich frisch geschnitten aus dem Garten. Frische Petersilie passt zu Buttergemüse, auf Suppen gestreut, in Pfannkuchen gebacken, zu Petersilienbutter verarbeitet auf Fisch und Fleisch, in so manchen

Checkliste

HILFT BEI FOLGENDEN BESCHWERDEN:

- ☐ Blasenentzündungen
- ☐ unreiner Haut
- ☐ Vitamin- und Mineralstoffmangel
- ☐ Blähungen
- ☐ Verdauungsstörungen
- ☐ unregelmäßigen Monatsblutungen

grünen Smoothie, zu Kartoffelgerichten aller Art, als Salatzutat in Form von ganzen Blättern oder klein geschnitten in der Salatsoße. Eigentlich gibt es fast kein Gericht, bei dem der feine Geschmack von Petersilie als störend empfunden wird, selbst im Eisbecher ist Platz für den leicht an Anis erinnernden Geschmack dieses Krautes. Wir haben beim Anbau von Petersilie die Wahl zwischen Krauser-, Glatter- und Wurzel-Petersilie. Manche Menschen behaupten, die Glatte Petersilie wäre aromatischer, aber ich finde keinen Unterschied zur Krausen. Diese ist wiederum dekorativer auf Buffets und auf entsprechend dekorierten Tellergerichten. Bei der Verwendung von Blatt-Petersilie ist jedoch eines wichtig: nicht mitkochen, da sonst der Geschmack extrem leidet. Das gilt auch für getrocknete Petersilie. Diese eignet sich eher für die „Farbgebung" mancher Speisen. Anders verhält es sich bei der Wurzel-Petersilie, sie wird gekocht und ist ein lieblich schmeckendes Gemüse, das wie Kartoffeln verwendet werden kann.
Im Anbau gehört die Petersilie zu den anspruchsvollen Kräutern. Die Keimzeit der Samen ist sehr lang und kann bis zu sechs Wochen dauern. Es geht schneller, wenn Sie die Samen vor der Aussaat einige Stunden in lauwarmem Wasser einweichen. Wenn sich nach der Aussaat die ersten Pflänzchen zeigen und sie vor Schneckenangriffen geschützt heranwachsen können, passiert es immer wieder, dass sie von der Petersilienwelke befallen werden. Das können wir umgehen, indem wir vorgezogene Topfware aus der Gärtnerei anpflanzen oder der Petersilie alle zwei Jahre ein neues Beet beschaffen. Sie lässt sich auch gut auf der Fensterbank pflegen.

TEEANWENDUNGEN

Zu Heilzwecken dienen die Petersilienwurzeln im zweiten Jahr. Daraus wird ein wassertreibender Tee bei Entzündungen der Blase bereitet. Dazu 1 TL gehackte Petersilienwurzel mit einer Tasse heißem Wasser übergießen, 15 Minuten ziehen lassen und zwei- bis dreimal täglich eine Tasse trinken. Dieser Tee ist stark harntreibend und nicht für eine Daueranwendung geeignet.

SMOOTHIE MIT PETERSILIE

Eine geschälte Banane (in Stücke gebrochen), eine Mango ohne Kern, aber mit Schale, acht Blätter grüner Eichblattsalat, ein Bund Petersilie, fünf Blätter Basilikum und ca. ½ l Wasser kurz mixen.

KULTIVIERUNG UND VERWENDUNG

Anbau
unkomplizierter Anbau mit Topfware aus der Gärtnerei, da die Aussaat schwierig sein kann (Ursachen der Petersilienwelke sind noch nicht geklärt); sonst Aussaat im Frühjahr in humusreichen, feuchten Boden mit sonniger bis halbschattiger Lage

Ernte
Das Petersilienkraut kann von April bis Juni oder länger geschnitten werden. Achten Sie darauf, dass nur die äußeren Blätter geerntet werden und das Herz der Pflanze zum Weiterwachsen erhalten bleibt. Die Samen reifen im September, die Wurzeln für Tee werden im Frühjahr oder Herbst ausgegraben.

Verwendete Pflanzenteile
ganzes Kraut, Wurzeln, Samen

Inhaltsstoffe
Vitamine A, B, C, ätherisches Öl, Flavonoide, Glykoside, Salicylate, Zink, Gerbsäure, Mineralstoffe

Eigenschaften
harntreibend, nieren- und harnsteinableitend, menstruationsfördernd, leicht schmerzbetäubend, geburtsfördernd

Verwendungsmöglichkeiten
Wurzeltee als Durchspülungstherapie bei Blasenentzündungen; Blätter als Würzkraut zu vielerlei Gerichten, Suppen, Salaten, Kräuterquark und Smoothies (immer frisch verwenden und nicht mitkochen!); aus gemörserten Samen und gehackten Petersilienblättern können wir einen starken Tee brauen und diesen äußerlich als Gesichtswasser bei unreiner Haut verwenden
Achtung: Von einer Teezubereitung aus Petersiliensamen würde ich abraten. Bei der Verwendung der Blätter zu Tee- oder Gewürzzwecken besteht keine Vergiftungsgefahr, wir können also unbesorgt die Vorzüge des Krautes genießen.

ANIS
— *Pimpinella anisum*

Dieser Doldenblütler braucht viel Wärme und eine lange Vegetationszeit, damit seine Früchte mit den wertvollen ätherischen Ölen gut ausreifen können. Sie helfen uns in Form von Husten- und Magentees.

KULTIVIERUNG UND VERWENDUNG

Anbau
ab Ende März/Anfang April in durchlässigen, nährstoffreichen, feuchten Boden aussäen; das Beet sollte in einer geschützten Lage in voller Sonne liegen, damit die Früchte gut ausreifen können; wenig gießen und düngen, gelegentlich kalken

Ernte
wenn die Früchte voll ausgereift und braun sind (August bis September), wird die ganze Pflanze aus der Erde genommen und an der Luft getrocknet; die Früchte/Samen gewinnt man durch Dreschen bzw. kräftiges Schütteln

Verwendete Pflanzenteile
Früchte, Blätter

Inhaltsstoffe
ätherisches Öl, Cumarine, Flavonoide, fettes Öl, Eiweiß, Zucker

Eigenschaften
magenstärkend, verdauungsfördernd, blähungstreibend, leicht krampflösend, auswurffördernd, hustenkrampflösend, bakterizid, milchbildend, beruhigend

Verwendungsmöglichkeiten
Anisfrüchte als Tee gegen Husten und Blähungen sowie zur Milchbildung; Anislikör aus Früchten bei Völlegefühl; Gesichtswasser aus Früchten gegen unreine Haut; Früchte in diversen herzhaften und süßen Speisen mit verdauungsfördernder Wirkung, je nach Geschmack ½ TL bis 1 EL pro Rezept; Blätter zum Würzen von Salaten und Gemüse; Anisfrüchte sollten für alle Rezepturen gemörsert werden

Anis war ähnlich wie Fenchel schon immer ein Kinderkraut, wenn auch in seiner Verwendungshäufigkeit an zweiter Stelle. Ein Anistee gegen Blähungen ist besonders für Kleinkinder geeignet. Die kleinen Anisfrüchte sind auch gegen Husten wirksam und dienen als verdauungsfördernde Zutat in Sauerkraut, Rotkraut und Krautsalaten. Nicht zu vergessen: Anisplätzchen wie Springerle, Gewürzbrot und anderes Gebäck, das ohne Aniswürze nicht denkbar ist. Die Blätter der Anispflanze werden ebenfalls als Gewürz verwendet, wenngleich der Gehalt an ätherischem

Hübsche weiße Anisblüten zieren das Beet.

Öl wesentlich geringer ist. Wir können Salate und Gemüsegerichte damit würzen und so die Verdauung unterstützen, ohne auf Körnern herumbeißen zu müssen. Ein weiterer Vorteil liegt darin, dass wir die Blätter weit vor der Samenernte zur Verfügung haben.
Wie bei Fenchel und Kümmel werden Anisfrüchte kurz vor dem Gebrauch im Mörser angestoßen, damit das darin enthaltene ätherische Öl unmittelbar wirken kann. Die Heilwirkung von Anisfrüchten wird als erleichternd, z. B. bei Hustenattacken und Blähkrämpfen, aber auch als beruhigend beschrieben, sodass man einen Anistee aus dieser Sicht auch als Schlaftee bezeichnen könnte. Anis fördert zudem die Milchsekretion von stillenden Müttern, man bekommt einen guten Atem, indem man einige Früchte kaut, und mit einem Aufguss aus gequetschten Anisfrüchten können wir in Form von Gesichtswasser unreine Haut behandeln.
Das ätherische Öl der Anisfrüchte ist, ähnlich wie bei Kümmel, sehr intensiv und nicht jedermanns Sache, sodass auch hier der Satz „weniger ist mehr" gilt. Durch das Mörsern der Früchte kann die Dosis im Vergleich zur ganzen Droge aber wesentlich verringert werden, wobei die gesundheitlichen Vorteile jedoch erhalten bleiben.
Anis wird als einjähriges Kraut in Gärten kultiviert und im August und September geerntet. In kühlen, feuchten Sommern kann ein Ausreifen der Samen ausbleiben, da Anis viel Licht und Wärme braucht. Da die Früchte relativ klein sind, zur Ernte am besten über einem weißen Tuch ausschütteln. Eventuelle „Bewohner" können dann besser erkannt und zur Flucht angeregt werden.

TEE

Die Anisfrüchte werden gemörsert und als Tee zubereitet. Dafür 1 gehäuften TL gestoßene Anisfrüchte mit ½ l kochendem Wasser übergießen. Gegen Husten zwei- bis viermal eine Tasse über den Tag verteilt und mit Honig gesüßt trinken.
Gegen Blähungen ebenfalls zwei- bis dreimal pro Tag eine Tasse trinken, aber dann ohne Zucker oder Honig.

Verwendete Pflanzenteile: Früchte und Blätter

LIKÖR

Für einen selbst angesetzten Anislikör 4 EL gestoßene Früchte mit 1 l Obstler aufgießen und 14 Tage im Hellen ausziehen lassen. Danach abfiltrieren und mit Honig oder Kandis süßen. Er wirkt bei Völlegefühl wohltuend.

Checkliste

HILFT BEI FOLGENDEN BESCHWERDEN:

- ☐ Blähungen, besonders bei Kleinkindern
- ☐ Verdauungsstörungen
- ☐ mangelndem Milchfluss bei stillenden Müttern
- ☐ Husten
- ☐ Bronchitis
- ☐ unreiner Haut

SPITZWEGERICH
— *Plantago lanceolata*

Die kleine Staude kommt meist als unerwarteter Besucher in unsere Gärten. Ihre länglichen Blätter mit markanten Blattadern haben sich als Hausmittel zur Behandlung von Atemwegserkrankungen wie Husten bewährt.

Die Könige des Weges gehören zu den weltweit verbreiteten Heilpflanzen. An Wegen, in Wiesen, Rasenflächen, Rainen, an Gräben und selbst in Mauerritzen und zwischen Pflastersteinen finden Wegeriche einen Standort.

KULTIVIERUNG UND VERWENDUNG

Anbau
stellt sich meist von alleine im Garten ein; sonst durch Aussaat im Frühjahr oder Teilung im Herbst; bevorzugt trockene Böden, anspruchslos an Standort und Pflege

Ernte
junge Blätter

Verwendete Pflanzenteile
Blätter, ganzes Kraut

Inhaltsstoffe
Gerbstoffe, Schleimstoffe, Kieselgel, Vitamin C, Aucubin im frischen Pflanzenpresssaft

Eigenschaften
entzündungshemmend, bakterizid, auswurffördernd, blutreinigend, antibiotisch, antiseptisch

Verwendungsmöglichkeiten
Wundpflaster aus frischen Blättern; getrocknete Blätter für Tee gegen Husten und Entzündungen der Atemwege oder als Umschlag bei schlecht heilenden Wunden und Insektenstichen; frische Blätter als Presssaft zur Blutreinigung; in der Wildkräuterküche für Suppen und Salate

Wie bei dem Namen des Zwergenkönigs Alberich aus der Nibelungensage bedeutet die Endung „*rich*" = König, vom Althochdeutschen *rih* abgeleitet.
In unseren Breiten wachsen drei Wegericharten: der Spitzwegerich, der Breitwegerich und der Mittlere Wegerich (er sieht aus wie ein Breitwegerich, aber die breiten Blätter haben einen kurzen Stängel). Für eine äußerliche Anwendung bei Prellungen, Verletzungen und Insektenstichen sind alle Wegeriche als gleichwertig anzusehen.
Wenn man nun die Wegeriche in Haupt- und Nebenkönige einteilt, ist der Spitzwegerich aufgrund seines Bekanntheitsgrades und seiner Heilwirkung der Hauptkönig. Seine große Wundheilkraft für Haut- und Schleimhaut, seine krampflösende Wirkung bei Husten, Bronchialkatarrh, Keuchhusten, trockenem Reizhusten und Heiserkeit sowie seine Beliebtheit als Wundpflaster besonders bei Kin-

Checkliste

HILFT BEI FOLGENDEN BESCHWERDEN:

- ☐ schlecht heilenden Wunden
- ☐ Prellungen
- ☐ Insektenstichen
- ☐ Husten
- ☐ Heiserkeit
- ☐ Erkältungskrankheiten allgemein
- ☐ Bronchialleiden
- ☐ Wasserblasen
- ☐ Ohrenentzündungen

Spitzwegerichpflaster bei leichten Wunden.

Zum Trocknen wird das ganze Kraut geerntet.

dern machten ihn fürwahr zu einem König unter den Heilkräutern. Und wir müssen ihm noch nicht einmal den roten Teppich in unserem Garten ausrollen, denn er stellt sich von selbst ein. Die Blätter ernten wir vor der Blüte und fädeln sie zum Trocknen auf einen Zwirnfaden. Aus den frischen Blättern wird gerne ein grünes Pflaster bei kleinen Verletzungen, Schnitten, Insektenstichen und Wasserblasen gezaubert.
Die grünen Blätter des Spitzwegerichs eignen sich besonders für die Gewinnung von Frischsaft für eine Blutreinigungskur im Frühjahr. Nach der Gewinnung von ebensolch einem Saft hat man festgestellt, dass dieser im Vergleich zu anderen Pflanzensäften nicht schimmelt, und kam so zu der Erkenntnis, dass Spitzwegerich antibiotisch wirkende Inhaltsstoffe besitzt. Das erklärt auch die Anwendung bei Ohrenentzündungen.

TEE

Für einen Hustentee 10 g getrocknete Blätter (ca. 3 EL) mit ¼ l Wasser (kochend) überbrühen und 15 Minuten ziehen lassen; bei Husten, fiebrigen Bronchialleiden sowie Entzündungen der oberen Luftwege täglich zweimal drei Tassen trinken, möglichst mit Honig gesüßt.

UMSCHLAG

Der Tee kann auch (ungesüßt) als Umschlag für schlecht heilende Wunden und Insektenstiche oder zum Gurgeln verwendet werden.

WUNDPFLASTER BEI SCHNITTVERLETZUNGEN

Die sauberen Blätter kann man zerknüllen oder hacken und auf die in Mitleidenschaft gezogene Stelle legen. Mit einem oder zwei ganzen Blättern abgedeckt und mit dem Blütenstiel zugebunden, vergessen besonders Kinder solch ein Erste-Hilfe-Pflaster nie mehr, denn es ist viel cooler und das im wahrsten Sinne des Wortes als herkömmliches Verbandspflaster.

ECHTE SCHLÜSSELBLUME — *Primula veris*

Auf Wiesen steht sie unter Naturschutz, im Garten geerntet dürfen wir die Blüten des Frühlings und die Wurzeln zur Beruhigung von Husten und Nerven nutzen.

KULTIVIERUNG UND VERWENDUNG

Anbau
Aussaat oder Wurzelstockteilung im Herbst; in trockene, kalkhaltige Böden an einem sonnigen bis halbschattigen Standort; gedeiht auch unter Bäumen wie Buchen mit späterer Blattentwicklung; versamt sich leicht von selbst; für Heilzwecke benötigen wir im ersten Jahr drei bis vier Pflanzen

Ernte
Die Blüten werden von April bis Juni gezupft und anschließend rasch getrocknet oder als Frischkraut verwendet. Die Wurzeln gräbt man im September aus, sie werden gewaschen und anschließend im Schatten getrocknet. Die Blätter können nur frisch verwendet werden.

Verwendete Pflanzenteile
Wurzel, Blüten, Blätter

Inhaltsstoffe
Saponine, Flavone, ätherisches Öl, Kieselsäure, Gerbstoffe

Eigenschaften
schleimlösend, hustenreizstillend, entzündungshemmend, stoffwechselanregend, antiödematös, beruhigend, harntreibend, entgiftend, blutreinigend, entschlackend

Verwendungsmöglichkeiten
frische Blätter als blutreinigender Wildkräutersalat für eine Frühjahrskur; Blüten frisch oder getrocknet als Gute-Laune-Tee; Wurzeln als Sirup oder Tee gegen Husten, Migräne, Wassereinlagerungen, Schlafstörungen, bei Überlastung und Herzschwäche sowie äußerlich als Auszug bei Hautreizungen

Die Himmelsschlüssel, wie diese Pflanzen auch genannt werden, erfreuen uns in unserem Heilgarten bereits im zeitigen Frühjahr mit ihren gelben Gute-Laune-Blüten. Man sagt, sie öffneten ehemals die Erde, damit alle anderen Blumen ebenfalls daraus hervorkommen konnten.
Für uns bedeutet der Anblick der Schlüsselblümchen, dass die Zeit für eine zwei- bis vierwöchige Frühjahrskur zur Entgiftung und Entschlackung gekommen ist und wir nun diese mit den Blüten und Blättern der Schlüsselblume beginnen können. Zwei bis drei Tassen Schlüsselblumentee täglich (aus der Wurzel) helfen auch gegen festsitzenden Husten. Die husten- bzw. sekretlösende Wirkung des Tees durch einen hohen Saponingehalt ist seit Langem bekannt und bewährt. Bei Kindern ist die Milderung des Hustens in Form eines Schlüsselblumensirups beliebt, der frisch aus der Wurzel mit Honig zubereitet wird.
Als herzstärkender Tee, der durch seine harntreibende Wirkung auch gegen Wasseransammlungen in den Beinen hilft, ist seine Verwendung gerade beim sogenannten Altershusten, der durch die verminderte Leistung des Altersherzens verursacht wird, sehr zu empfehlen. Bitte klären Sie die Ursache des Hustens jedoch vorher mit einem Arzt ab.
In den meisten Heilteerezepten gegen Husten, Bronchitis oder allgemeinen Erkältungskrankheiten wird die Wurzel als besonders wirksam beschrieben, aber auch Blüten und Blätter finden Verwendung. Sehr delikat schmecken diese in einem stoffwechselanregenden, frühlingshaften Wildkräutersalat, den wir übrigens ohne Probleme aus den Begleitkräutern aus unserem Garten zubereiten können. Zu diesen Begleitkräutern

zählen neben der Schlüsselblume außerdem Spitzwegerichblätter, Löwenzahnblätter, Schafgarbenblätter, Brennnesselblätter, Gundelrebe, Gänseblümchen und Vogelmiere.
Schlüsselblumen sind im übertragenen Sinn etwas für Herz und Nerven, sodass sie sich besonders für gestresste und überlastete Menschen mit beginnenden Burn-out-Signalen eignen. Hildegard von Bingen empfahl ein Sträußchen Schlüsselblumen am Herzen getragen als Mittel gegen Melancholie.
Die Schlüsselblume wächst auf trockenen Wiesen und steht unter Naturschutz (Blütenernte nur in kleinen Mengen, Wurzelernte ist nicht erlaubt), sodass es umso wichtiger ist, diese im eigenen Heilgarten anzubauen, um genügend erntefähige Pflanzen bereitzuhaben. Die in unseren lichten Auwäldern wachsende Hohe Schlüsselblume *(Primula elatior)* mit ihren eher hellgelben Blüten kann gleichwertig verwendet werden und ebenfalls im Garten an einer feuchten Stelle angesiedelt werden.

TEEZUBEREITUNGEN

Der Tee ist die klassischste Form der Zubereitung, um die Schlüsselblume zu nutzen, ob aus der Wurzel oder auch den Blüten.

BLÜTENTEE

2 TL frische Blüten mit ¼ l kochendem Wasser überbrühen, fünf Minuten ziehen lassen und mit Honig gesüßt zwei bis drei Tassen täglich trinken. Das ist ein Gute-Laune-Tee für trübe und dunkle Tage.

WURZELTEE

Für einen Hustentee mit schleimlösender Wirkung 1 TL Schlüsselblumenwurzel in ¼ l Wasser kurz aufkochen und den Sud fünf Minuten ziehen lassen. Zwei Tassen täglich trinken.
Neben der Hauptanwendung als Hustentee wird die Schlüsselblume auch gegen Migräne, Neuralgien, Herzschwäche, Schlafstörungen und zur Schlaganfallprophylaxe empfohlen. Der Wurzelauszug kann äußerlich angewendet Hautreizungen lindern.

Die Schlüsselblume samt sich im Garten leicht selbst aus.

Checkliste

HILFT BEI FOLGENDEN BESCHWERDEN:

- ☐ Husten
- ☐ Bronchitis
- ☐ Herzschwäche
- ☐ Schlafstörungen
- ☐ nervlicher Überlastung
- ☐ Wassereinlagerungen
- ☐ allgemeinen Katarrhen der oberen Luftwege

ROSMARIN
— *Rosmarinus officinalis*

Der mediterrane Halbstrauch schmückt unsere Gärten von März bis Juni mit bläulichen Lippenblüten. Mittlerweile gibt es auch Sorten, die ganzjährig im Garten draußen bleiben können und winterfest sind. Gut für seine und unsere Abwehrkräfte.

Ros marinus bedeutet aus dem Lateinischen übersetzt „Meertau", da der Strauch schon immer im Mittelmeergebiet weit verbreitet war. Es ist der botanische Name für ein Kraut, das wegen seiner aromatisch duftenden grünen Nadeln – eigentlich sind es die Blätter –, den wunderschönen blauen Blüten und seiner belebenden Wirkung zu meinen Lieblingskräutern gehört. Schon rein optisch!

Mittlerweile gibt es robuste, winterfeste Rosmarinsorten.

Da Rosmarin eine immergrüne Pflanze ist, galt sie schon zu alten Zeiten als Symbol für ewige Liebe und Treue, deshalb habe ich den Brauch, einen Brautstrauß mit Rosmarinzweigen auszustatten, bei der Hochzeit meiner Tochter wieder aufleben lassen. Wegen des starken Geruchs glaubte man außerdem, dass Rosmarin böse Geister abwehren könne. Tatsächlich hat der Duft von Rosmarin aber eine anregende und konzentrationsfördernde Wirkung und gilt als Stärkungsmittel für das Gehirn und Gedächtnis – bei der Mathearbeit in der ersten Schulstunde also ein willkommener Wachmacher, um sich an all das erinnern zu können, was man (hoffentlich) vorher zu Hause gelernt hat. Als Wein macht Rosmarin zudem müde Männer (und Frauen) munter – nicht nur in der Rekonvaleszenz oder bei nervöser Erschöpfung.

Anregende Rosmarinbäder sind nur für gewisse Stunden am Abend empfehlenswert, ansonsten helfen sie als Morgenbad zur allgemeinen Anregung und Stärkung für den Tag mit seinen vielfältigen Anforderungen.

Wer das mediterrane Gewächs im eigenen Garten anbaut, sollte berücksichtigen, dass viele Sorten nicht zuverlässig winterhart sind. Der Halbstrauch benötigt daher in rauen Lagen einen Winterschutz durch dicke Abdeckungen oder man pflanzt robuste, winterfeste Sorten (siehe Anbau im Kasten rechts). Am einfachsten kultiviert man ihn im Kübel und lässt diesen an einem hellen und kühlen Standort überwintern.

Ein Topf Rosmarin zum Abernten im Winter ist überaus sinnvoll, da die Zweige auch ein exzellentes verdauungsförderndes Gewürz für die eher rustikalen Gerichte der Winterzeit sind. Wenn

Checkliste

HILFT BEI FOLGENDEN BESCHWERDEN:

- ☐ niedrigem Blutdruck
- ☐ Konzentrationsstörungen
- ☐ Durchblutungsstörungen
- ☐ Verdauungsproblemen
- ☐ Herzbeschwerden (indifferent)
- ☐ Angstzuständen
- ☐ nervöser Erschöpfung
- ☐ Antriebsschwäche
- ☐ grippalen Infekten

Sie Bratkartoffeln, Gemüse, Fleisch, Bratensoßen, Pilze, Fisch und Käse mit Rosmarin würzen, sollten Sie daran denken, dass die Hälfte immer noch zu viel ist, und eher zurückhaltend damit umgehen. Das Gleiche gilt bei der Anwendung als Tee. Ein kreislaufstützender, verdauungsfördernder und belebender Tee wird nicht mit Teelöffeln, sondern mit Prisen gemessen: Zwei bis drei Prisen gehackte Rosmarinnadeln reichen für eine Tasse Tee aus.

TEE

Zwei bis drei Prisen Blätter pro Tasse mit kochendem Wasser überbrühen und fünf Minuten ziehen lassen. Der Tee hilft zur Stärkung nach grippalen Infekten, wenn wir drei Tassen täglich trinken. Als Kur bei Fettverdauungsstörungen und Diabetes täglich eine Tasse trinken, ebenso bei mangelnder Durchblutung, Herzbeschwerden und Angstzuständen.

WEIN

Ein bis zwei Zweige oder 10 bis 20 g Blätter mit ¾ l leichtem Weiß- oder Rotwein übergießen bzw. in einer 1-l-Flasche ansetzen. Ein bis zwei Wochen ziehen lassen, abfiltrieren und mittags oder am frühen Abend ein Schnapsglas davon trinken. Er stärkt die Abwehrkräfte und sorgt als Aperitif vor dem Essen für eine gute Verdauung.

KULTIVIERUNG UND VERWENDUNG

Anbau
Vermehrung durch Stecklinge oder Absenker im Sommer; als robuste Sorten, die keinen oder kaum Winterschutz benötigen, haben sich 'Weihenstephan', 'Arp' und 'Veitshöchheim' bewährt. Der Halbstrauch bevorzugt eher magere Böden in voller Sonne, die auch zeitweise austrocknen können; in den ersten beiden Jahren nach der Pflanzung ist noch etwas Winterschutz (Tannenzweige) ratsam; Rosmarin kann unter Optimalbedingungen eine Höhe von bis zu 2 m erreichen

Ernte
Rosmarin wird als Zweig abgeschnitten und getrocknet, die Nadeln (Blätter) werden anschließend abgestreift und frisch als Gewürz oder getrocknet als Tee bzw. Gewürz verwendet. Bis auf die Wintermonate ist eine Ernte ganzjährig möglich. Die blauen Lippenblüten erscheinen ab März und können ebenso verwendet werden, sollten aber den Bienen als Nektarspender im Frühling überlassen werden. Die getrockneten Blätter in einem gut schließenden Gefäß lagern.

Verwendete Pflanzenteile
Blätter, Blüten

Inhaltsstoffe
ätherisches Öl, Harze, Gerbstoffe, Flavonoide, Bitterstoffe, Pflanzensäuren, Saponine

Eigenschaften
anregend, zusammenziehend, entzündungshemmend, durchblutungsfördernd, blähungstreibend, verdauungsanregend, kreislaufstärkend, immunstärkend

Verwendungsmöglichkeiten
Nadeln und Blüten als Würze für deftige und süße Speisen; Blätter in Rosmarinwein zur Immunstärkung und bei Verdauungsproblemen; Tee aus getrockneten Nadeln bei mangelnder Durchblutung, Herzbeschwerden, Fettverdauungsstörungen, grippalen Infekten und Angstzuständen; als anregendes Bad am Morgen (oder Abend …); Holz der Zweige zur Herstellung von Schaschlikstäbchen mit Würzeffekt
Achtung: Rosmarinwein und -tee aufgrund seiner anregenden Wirkung spätestens am frühen Nachmittag trinken; Herzbeschwerden immer mit dem Arzt abklären!

ECHTER SALBEI — *Salvia officinalis*

Im Handel sind viele zierende Salbeiarten und -sorten erhältlich. Nur der Echte Salbei wird jedoch für heilende Zwecke eingesetzt. Achten Sie beim Kauf auf den zweiten botanischen Namen *officinalis*.

KULTIVIERUNG UND VERWENDUNG

Anbau

Aussaat im Frühling sowie Stecklinge oder Absenker im Sommer, ab März können Jungpflanzen aus der Gärtnerei gepflanzt werden; Garten-Salbei wird sehr groß, sodass drei Pflanzen für die Verwendung zu Heil- und Gewürzzwecken ausreichend sind; durchlässige und kalkhaltige Böden an sonnigem Standort empfehlenswert

Ernte

Blätter vor der Blüte (hellviolettblau von Juni bis August), am besten zur Mittagszeit im Frühsommer; Blüten

Verwendete Pflanzenteile

Blätter, Blüten

Inhaltsstoffe

ätherisches Öl, Gerbstoffe, Bitterstoffe, sehr viele Spurenelemente (Eisen, Magnesium, Zink), Flavonoide

Eigenschaften

krampflösend, antibakteriell, antiviral, harntreibend, schweißhemmend, verdauungsfördernd, milchflussreduzierend

Verwendungsmöglichkeiten

Salbeiblätter als Tee für eine dreiwöchige Kur bei vermehrter Schweißbildung besonders in den Wechseljahren, als Gurgelmittel bei Entzündungen im Hals-Rachenraum, für Waschungen, als Badezusatz zur Nervenstärkung; Blätter und Blüten frisch und getrocknet als Küchengewürz sowie zur Speisendekoration, wobei frische Blätter vorzuziehen sind (gute Ergänzung zu Schnittlauch und Zwiebeln); Salbeiwürze verlängert die Haltbarkeit von Speisen
Achtung: nicht für stillende Mütter!

„Hast du Salbei im Garten, kann der Tod lange warten." Diese alte Volksweisheit ist bis auf den heutigen Tag von Bedeutung, denn die Anwendungsmöglichkeiten der hochgepriesenen Heilpflanze entsprechen nach wie vor der lateinischen Namensgebung *salvare* = heilen oder *salvus* = Wohlbehalten, gerettet, gesund und heil.
Die ganze Bandbreite des Einsatzes von Echtem Salbei *(Salvia officinalis)* drücken auch die vielen weiteren deutschen Namen wie Götterspeise, Altweiberschmecken, Zahnblätter, Heilsalbei und Königssalbei aus.
Salbei brauchen wir ein ganzes Leben lang! Um Stress, Angst, Zittern, Übelkeit, Erschöpfung, Herzschwäche und Gefühlsschwankungen, wie sie immer wieder vorkommen können, zu verkraften und zu bewältigen.
Nicht nur im Alter hilft er uns zur Steigerung der Konzentration und Verbesserung des Gedächtnisses. In den Wechseljahren und im Alltag unterstützt er die Schweißreduzierung. Mein Geheimtipp bei unerwünschter Sterilität für Frauen: Täglich 1 EL Brennnesselsamen in Honig verrührt einnehmen und täglich zwei bis drei Tassen Salbeitee trinken. Mit dieser Rezeptur, die schon so mancher meiner Kundinnen geholfen hat, machen wir uns die hormonähnlichen Wirkstoffe von beiden Kräutern zunutze sowie zusätzlich die nervenberuhigende und ausgleichende Wirkung von Salbei. Nachdem sich der Erfolg eingestellt hat und wir unserer Mutterpflicht des Stillens nachgekommen sind, greifen wir wieder zu Salbei, da dieser hilft, den Milchfluss versiegen zu lassen.
Allseits bekannt ist die Verwendung von Salbei bei Halsschmerzen, Entzündungen der Mund-

Purpur-Salbei mit attraktiven Blättern

Schonend getrocknete Salbeiblätter, in einer Dose gelagert

schleimhaut und des Zahnfleisches sowie als Gurgelmittel bei beginnenden Hals-Rachen-Entzündungen, wie sie häufig bei Erkältungskrankheiten auftreten.
Doch kommen wir nun zu etwas Erfreulicherem in Bezug auf Salbei: die Verwendung als Gewürz in der Küche. Seit wir uns immer mehr der mediterranen Küche mit ihren leckeren und typischen Kräutern widmen, darf Salbei natürlich in keinem Garten bzw. Gewürzregal fehlen. Die würzigen und verdauungsanregenden Blätter passen zu Fleisch-, Gemüse-, Fisch- und Pastagerichten, aber auch unsere regionalen Spezialitäten wie Gänse- und Schweinebraten können wir mit Hilfe von Salbeiblättern schmackhafter und verdaulicher gestalten. Von solch kräftig gewürzten Genüssen müssen stillende Mütter allerdings unbedingt Abstand halten!

TEE, GURGELMITTEL, WASCHUNGEN

Für Salbeitee 1 TL Salbeiblätter, frisch oder getrocknet, mit ¼ l heißem Wasser übergießen, fünf bis acht Minuten lang ausziehen lassen, dann abgießen. Als Kur bei vermehrter Schweißbildung in den Wechseljahren täglich drei Tassen über einen Zeitraum von drei Wochen trinken.
Der Tee dient in doppelter Dosierung auch als Gurgelmittel und kann für Waschungen verwendet werden. Zum Gurgeln bei Entzündungen im Hals-Rachenraum lässt man die doppelte Menge Salbeiblätter zehn Minuten ziehen, ebenso für die Anwendung in den Wechseljahren. Der Tee wird in beiden Fällen kalt angewendet.

BADEZUSATZ

Für einen Salbeibadezusatz zur Stärkung der Nerven 500 g Salbeiblätter mit 3 l heißem Wasser pro Vollbad aufgießen (in einer Schüssel oder einem Eimer) und nach zehn Minuten den Auszug dem Badewasser zugeben. Genießen Sie die Entspannung darin etwa zehn bis 20 Minuten.

Checkliste

HILFT BEI FOLGENDEN BESCHWERDEN:

- ☐ Entzündungen im Hals-Rachenraum
- ☐ zu hoher Schweißbildung, auch während der Wechseljahre
- ☐ Nervenschwäche
- ☐ Konzentrations- und Gedächtnisstörungen
- ☐ Zahnfleischentzündungen
- ☐ Verdauungsstörungen
- ☐ Krämpfen

DACH-HAUSWURZ — *Sempervivum tectorum*

Die genügsame Pflanze ist ideal im Steingarten untergebracht und bildet von Juli bis September hübsche weiße oder rosafarbene, sternförmige Blüten. Der Pflanzensaft der frischen Blätter hilft bei Sonnenbrand.

Man nennt die Hauswurz mit ihren fleischigen Blättern, die in einer Rosette angeordnet sind, auch die nordeuropäische Aloe, da sie im Wirken und Aussehen der Echten Aloe (siehe Seite 102) ähnlich ist. Im Gegensatz zur wärmeliebenden Aloe kann man die Hauswurz, von der es zahlreiche Sorten gibt, allerdings unkompliziert in jedem Garten anpflanzen und sehr leicht vermehren, sodass man immer ausreichend Pflanzenmaterial für die Heilanwendung zur Verfügung hat.

In früheren Zeiten wurde die Hauswurz gerne auf Dächer gepflanzt, weil man sich von ihr Schutz für das Haus bei Unwetter und Gewittern erhoffte. Ihr lateinischer Name *Sempervivum* drückt aus, warum wir die Pflanze mit ihren fleischigen Blättern, die als Verdunstungsschutz in Rosetten angeordnet sind, so schätzen. Übersetzt bedeutet er „immer Lebendiges", also Immergrün bzw. „ewig lebend". Daher kam und kommt die Pflanze, die auch im Winter ihre grünen Blätter behält, gut mit den Bedingungen auf den Dächern (wenig Erde, Trockenheit, Hitze und Kälte) zurecht und verbreitet sich schnell durch Tochterrosetten –

Hauswurz mit edlen, seerosenförmigen Rosetten

KULTIVIERUNG UND VERWENDUNG

Anbau
einfache Vermehrung durch Tochterrosetten, verbreitet sich so auch von selbst aus; Aussaat im Frühjahr möglich; magere, durchlässige, steinige Böden an sonnigen Standorten, auch Mauern, Trockenmauern, Steingärten, Dächer, Tröge

Ernte
Blätter vor der Blüte

Verwendete Pflanzenteile
frische Blätter

Inhaltsstoffe
Gerb- und Schleimstoffe, Fruchtsäuren, Isocitronensäure, Harz

Eigenschaften
zusammenziehend, schmerzlindernd, kühlend, Hautbild verbessernd

Verwendungsmöglichkeiten
die frischen Blätter und der daraus hervortretende Saft zur Behandlung von Hautproblemen, besonders bei leichten Verbrennungen und Sonnenbrand; Tinktur gegen Juckreiz und Insektenstiche

Hauswurz wächst gerne zwischen und auf Steinen sowie Ziegeln.

Erste Hilfe bei Sonnenbrand

ein so gedecktes Dach war durch den hohen Pflanzensaftanteil der Dachwurzblätter vielleicht tatsächlich bei Funkenflug oder Blitzeinschlägen zumindest etwas geschützt.
Heute ist die Hauswurz wieder als Sammelobjekt beliebt, da man mit den vielen Sorten und Arten in unterschiedlichen Größen schnell interessante Beet- und Topfgartengestaltungen vornehmen kann. Hübsch und robust ist die „Ewiglebende" auch als Grabrose immer noch sehr beliebt.
Hauptanwendungsgebiete in der Heilkunde sind Verletzungen, leichte Verbrennungen wie Sonnenbrand und Entzündungen der Haut sowie Warzen und Hühneraugen. Die Auflage der frischen Blätter und der austretende Saft sorgen für Milderung.

BLÄTTERAUFLAGE

Bei Hautproblemen wie Verbrennungen und Entzündungen die Blätter etwas zerkleinern und auf die betroffene Stelle legen oder mit dem ausgepressten Saft betupfen. Das gilt auch für die Anwendung gegen Warzen und Hühneraugen. Die Blätterauflage (morgens und abends wechseln) führt zur Erweichung der Warzen, sodass sie nach einigen Tagen abgelöst werden können.

TINKTUR

Insektenstiche und juckende Hautpartien werden mit einer Dachwurztinktur behandelt. Dafür ein kleines Weithalsglas mit gehackten Blättern füllen und mit Ethanol 50 % Vol. aufgießen; eine Woche stehen lassen, danach abfiltrieren und auftragen.

Checkliste

HILFT BEI FOLGENDEN BESCHWERDEN:

- ☐ leichte Verbrennungen
- ☐ Sonnenbrand
- ☐ Insektenstichen
- ☐ Warzen
- ☐ Hühneraugen
- ☐ Hautentzündungen allgemein

GEWÖHNLICHER BEINWELL — *Symphytum officinale*

Zarte, violette oder weißlich gelbe Röhrenblüten lockern die großen Blätter von Juni bis September optisch auf. Wirksam sind die „Beine", also die Wurzeln des Krautes, gegen Prellungen, Verstauchungen und Gelenkentzündungen.

KULTIVIERUNG UND VERWENDUNG

Anbau
Aussaat im Frühjahr, Wurzelteilung oder Wurzelschnittlinge (ca. 5 cm lang) im Herbst; in stets feuchten, aufgelockerten Boden in sonniger Lage; im Frühjahr oder Herbst vollständig zurückschneiden

Ernte
die Blätter zu Heilzwecken vor der Blüte in den Monaten April bis Mai; als Mulchmaterial über die gesamte Vegetationsperiode von Frühjahr bis Spätherbst; die Wurzel im späten Herbst oder Frühjahr ausgraben, säubern und trocknen

Verwendete Pflanzenteile
Blätter, Wurzel

Inhaltsstoffe
Allantoin, Gerbstoffe, Flavonoide, Schleimstoffe, ätherisches Öl, Harz, Alkaloide

Eigenschaften
wundheilend, zellregenerierend, entzündungshemmend, abschwellend, blutstillend, schmerzstillend
Achtung: nicht über einen längeren Zeitraum und in größeren Mengen anwenden, nicht in der Schwangerschaft anwenden!

Verwendungsmöglichkeiten
Wurzeln oder Blätter als Breiumschläge bei Verstauchungen, Prellungen, Quetschungen, Blutergüssen und Gelenkschmerzen; Wurzeltee für Umschläge bei Verstauchungen, Prellungen, Blutergüssen, Nachbehandlung von Knochenbrüchen; Wurzeltinktur bei Rheuma und geschwollenen Gelenken

Der deutsche Name „Bein-well" bedeutet nichts anderes, als dass die Pflanze den Knochen guttut. So einfach ist der Nenner, auf den wir die Verwendung von Beinwell bringen können. Schon in alten Zeiten hat man erkannt, dass mit Hilfe dieser Heilpflanze Knochenbrüche wieder schneller zusammenwuchsen und Schwellungen und Blutergüsse bei Verstauchungen schneller zurückgingen. Auch Muskel-, Sehnen- und Gelenkentzündungen sowie schlecht verheilende Wunden und Geschwülste wurden und werden mit Beinwellumschlägen oder -salbe behandelt.
Heute weiß man, dass das Allantoin in den Beinwellwurzeln für diese Wirkung verantwortlich ist, denn Beinwell ist die Pflanze mit dem höchsten Allantoingehalt überhaupt. Allantoin ist in der Lage, Wundsekrete aufzulösen und Eiter zu verflüssigen, um so die Gewebeneubildung anzuregen. Da die Pflanzenwurzeln auch Pyrrolizidin-Alkalo-

Checkliste

HILFT BEI FOLGENDEN BESCHWERDEN:

- ☐ Knochenbrüchen
- ☐ Prellungen
- ☐ Verstauchungen
- ☐ Quetschungen
- ☐ Blutergüssen
- ☐ Muskel- und Sehnenentzündungen
- ☐ Gelenkschmerzen
- ☐ schlecht heilenden Wunden und Geschwülsten
- ☐ Rheuma

Eine lila blühende Beinwellpflanze. Es gibt auch weißlich gelbe Sorten.

Als Tinktur angesetzte Beinwellwurzeln

ide enthalten, die in höheren Dosierungen als krebsverdächtig eingestuft werden, dürfen schlecht heilende, offene Wunden, z. B. bei aufgelegenen Hautpartien (Dekubitus), nicht mit Beinwell behandelt werden. Die Pyrrolizidin-Alalkaloide könnten bei verletzter Haut resorbiert werden und so zu Gesundheitsschädigungen führen.
Daher verwenden wir Beinwell als Breiauflage oder Salbe nur bei intakter Haut und auch nicht mehr innerlich als Tee, wie es früher üblich war. Es sei denn, Sie haben ein Exemplar aus neuerer Züchtung ohne Alkaloidverbindungen angebaut; daher unbedingt auf das Sortenschild achten.
Als Heilpflanzengärtner freuen wir uns über die Raschwüchsigkeit dieser Pflanze, da wir schon bald nach der Pflanzung erste Wurzeln ernten können. Doch kann Beinwell aufgrund dieser Eigenschaft schnell zu Ärger führen, denn der Ausbreitungsdrang sowie die üppig gebildete Blattmasse bringen die anderen Mitbewohner im Kräuterbeet durch Licht- und Nahrungsentzug leicht in Bedrängnis. Es ist daher ratsam, die Blätter immer wieder zu schneiden und als Mulchmaterial zu nutzen.

BREIUMSCHLAG

Aus Beinwell werden Breiumschläge aus der Wurzel bei Verstauchungen, Prellungen, Quetschungen, Blutergüssen und Gelenkschmerzen aufgelegt. Dafür etwa eine Hand voll frische Wurzeln ausgraben, waschen (aber nicht schälen), trocken tupfen und raspeln. Den Brei messerrückendick auftragen, mit einem sauberen Tuch fixieren und am besten über Nacht einwirken lassen. Der Umschlag kann auch mit pürierten Blättern hergestellt werden.

WURZELTEE FÜR UMSCHLÄGE

Für einen Beinwellwurzeltee zum äußerlichen Gebrauch 2 TL zerkleinerte Wurzelstücke mit 150 ml kaltem Wasser aufsetzen, erhitzen und zehn Minuten köcheln lassen. Anschließend abfiltrieren, etwas abkühlen lassen und dann als Umschlag verwenden. Bei Verstauchungen, Prellungen, Blutergüssen sowie zur Nachbehandlung bei Knochenbrüchen.

TINKTUR

Bei Rheuma und geschwollenen Gelenken machen wir Umschläge oder eine Einreibung aus Beinwellwurzeltinktur. Dafür 100 g frische Beinwellwurzel mit 500 ml Wodka mindestens zehn Tage im Hellen ausziehen lassen, abfiltrieren und in braunen Flaschen lagern.
Diese Tinktur hält mindestens ein Jahr und kann daher auch vorsorglich hergestellt werden, um im Bedarfsfall zur Verfügung zu stehen.

MUTTERKRAUT
— *Tanacetum parthenium*

Das Mutterkraut ähnelt im Aussehen der Kamille, ihre Blätter sind jedoch weit weniger filigran und somit ein gutes Unterscheidungsmerkmal. Das ganze Kraut kann vorbeugend bei Migräne eingesetzt werden und hilft bei Fieber sowie Frauenleiden.

KULTIVIERUNG UND VERWENDUNG

Anbau
Aussaat im Frühjahr oder Teilung der Wurzelstöcke im Frühjahr oder Herbst; durchlässige Böden an einem sonnigen Standort; Rückschnitt nach der Blüte; neigt zur Selbstaussaat

Ernte
frische Blätter fortlaufend, am besten jedoch vor der Blüte (Juni bis August); zum Trocknen die ganze Pflanze im Sommer (Juni bis August) abmähen und schattig unter 35 °C trocknen

Verwendete Pflanzenteile
frische Blätter, ganzes Kraut zum Trocknen

Inhaltsstoffe
Parthenolid, Campher, ätherisches Öl, Bitterstoffe

Eigenschaften
anregend, beruhigend, entzündungshemmend, krampflösend, schmerzlindernd, menstruationsauslösend und -regulierend

Verwendungsmöglichkeiten
getrocknetes Kraut für Tee gegen Fieber, Schmerzen allgemein und Regelschmerzen oder als Antiseptikum nach Zahnextraktionen; frische Blätter zur Migräneprophylaxe
Achtung: allergieauslösende Wirkung bei Menschen mit einer Korbblütlerallergie, diese kann bereits durch Hautkontakt entstehen. Man hat jedoch herausgefunden, dass eine Anwendung der getrockneten Blätter möglich ist. Nicht in der Schwangerschaft anwenden!

Als Mutterkraut werden oft Heilpflanzen bezeichnet, die mit der gesundheitlichen Förderung von Frauenleiden in Verbindung gebracht werden. Bei *Tanacetum parthenium* handelt es sich um das Mutterkraut schlechthin, denn es wird bereits seit der Antike bei Regel- und Geburtsschmerzen eingesetzt. Auch die heilkundige Hildegard von Bingen (1098 bis 1179) empfahl beispielsweise eine Suppe aus Mutterkraut gegen Regelschmerzen und ausbleibende Menstruation.
Heute findet man das Kraut bei uns häufig nur noch als dekorative Zutat in Landart-Blumensträußen oder als Begleitpflanze in Bauerngärten. In diesem Zusammenhang wird die Pflanze auch häufig mit der Echten Kamille *(Matricaria recutita)* verwechselt. In England hat das Mutterkraut hingegen eine lange Tradition, dort werden die etwas bitteren Blätter als Butterbrotbelag, in Gemüse oder Salat genossen. Im Englischen heißt die Pflanze „Feverfew", was auf ihre fiebersenkende Wirkung hindeutet und ihr schon im 18. Jahr-

Checkliste

HILFT BEI FOLGENDEN BESCHWERDEN:

- ☐ Kopfschmerzen
- ☐ Migräne
- ☐ Fieber
- ☐ Regelbeschwerden
- ☐ Wechseljahresbeschwerden
- ☐ Krämpfen
- ☐ Verdauungsstörungen

Butterbrot ist eine leckere Möglichkeit, um Mutterkraut zu nutzen.

Mutterkraut als Bauerngartenpflanze

hundert die Bezeichnung „Aspirin der Engländer" einbrachte.

Klinische Studien belegen der Pflanze eine Wirkung als Prophylaxemittel gegen Migräne. Man sagt, das Mutterkraut wäre auch eisprungfördernd, eine Eigenschaft, die die Verwendung gegen Kopfschmerzen in der frühen Schwangerschaft verbietet. Wer also in „andere Umstände" gekommen ist, sollte das Mutterkraut in dieser Zeit unbedingt vermeiden.

Möchten wir das Mutterkraut in unseren Heilgarten holen, müssen wir ihm einen sonnigen Platz mit durchlässigem Boden bieten. Dort wächst es auch ohne besondere Pflege und kann sich stark vermehren. Durch Rückschnitt nach der Blüte können wir dies regulieren.

MIGRÄNEPROPHYLAXE

Über einen Zeitraum von einem Monat täglich ein bis vier frische Blätter essen, z. B. auf Butterbrot. Danach einen Monat pausieren und diesen Turnus zweimal wiederholen. Danach erfolgt eine Pause von einem halben Jahr.

TEE

1 TL getrocknetes Kraut mit einer Tasse heißem Wasser übergießen; sieben Minuten ziehen lassen. Bei Fieber und Regelschmerzen dreimal täglich eine Tasse trinken. Der Tee kann auch als Antiseptikum nach Zahnextraktionen verwendet werden.

GEWÖHNLICHER LÖWENZAHN — *Taraxacum officinale*

Der Löwenzahn stellt sich meist alleine in unseren Gärten ein. Seine jungen Blätter werden in der Wildkräuterküche verwendet, im Interesse der Heilwirkung stehen die langen Wurzeln für Entschlackungskuren im Frühjahr.

Löwenzahnwurzeln als Tee für Frühjahrs- und Herbstkuren

Die frühlingshafte Farbe Gelb steht für Licht und Optimismus sowie für die Linderung von Ängsten und Depressionen. Gelbe Farben wirken entgiftend und werden bei Rheuma, Leberstörungen sowie Immunschwäche eingesetzt. Seit Urzeiten wird Gelb mit der Galle in Verbindung gebracht und der Löwenzahn *(Taraxacum officinale)* bestätigt diese Zuordnung ganz deutlich.
Die Bitterstoffe dieser Pflanze sind gerade nach einem kalorienreichen, bewegungsarmen und allgemein gesundheitsschwächenden Winter sehr willkommen, um unseren Stoffwechsel zu aktivieren und damit unsere Abwehrkräfte zu mobilisieren. Ebenso wie unsere „eingerosteten" Gliedmaßen und arthrotischen Gelenke. Leber und Galle sowie der gesamte Verdauungstrakt freuen sich über die Entlastung und Aktivierung mit Hilfe der Wurzel des bitteren Löwenzahns. Löwenzahn kann bereits sehr früh im Jahr geerntet werden.

Checkliste

HILFT BEI FOLGENDEN BESCHWERDEN:

- ☐ Appetitlosigkeit
- ☐ Störungen des Gallenflusses
- ☐ Verdauungsproblemen allgemein
- ☐ Arthrose
- ☐ Rheuma
- ☐ Blasenerkrankungen
- ☐ Prostataproblemen
- ☐ Bindegewebsschwäche
- ☐ Wassereinlagerungen

Löwenzahnblütengelee, dekorativ in Gläsern

Wir können uns die heilsamen Kräfte in Form von Tee oder Saft angedeihen lassen. Die stark wassertreibende Wirkung hat der Pflanze den weniger attraktiven Namen „Pissblume“ eingebracht, aber neben der Leber muss eben auch die Niere angeregt werden, damit wir uns rundum wieder wohler und verjüngt fühlen.
Junge Löwenzahnblätter werden auch gerne als Salat oder Gemüse zubereitet. Durch Abschneiden oder Mähen veranlassen wir die Pflanze zu mehrmaliger Blattbildung im Jahr. Für die Verwendung als Salat oder Wildgemüse (Spinat) dürfen Sie sich von ihrem Geschmack leiten lassen. Nach meiner Erfahrung schmecken gebleichte Blätter (durch Überstülpen eines Blumentopfes pro Pflanze) weniger bitter und sind zarter. Weitere Löwenzahnrezepte aus Blüten sind Löwenzahnhonig, Löwenzahnaperitif, -gelee u. a. Für einen alkoholischen Aperitif werden die ausgezupften Blütenblätter einfach ein bis zwei Tage in Weißwein eingelegt und dieser danach abfiltriert.
Die gallefördernde und stark entwässernde Hauptwirkung des Löwenzahns erzielt man mit einem Tee aus den Wurzeln und Blättern. Die Wurzel wird im Frühjahr gestochen, die jungen Blätter ernten wir vor der Blüte. Beide Pflanzenteile, Blätter und Wurzeln, können auch getrennt verabreicht werden. Zu beachten ist, dass der Milchsaft der Pflanze (sehr) schwach giftig ist.

KULTIVIERUNG UND VERWENDUNG

Anbau
Löwenzahn landet mit seinem Fallschirmsamen meist von alleine in unserem Garten, sodass wir nicht selbst aktiv werden müssen; sonst Aussaat im Frühjahr; er gedeiht auf jedem Boden, auch in Ritzen von Pflastersteinen, bevorzugt aber sonnige Standorte; wenn er sich im Garten zu stark ausbreitet, regelmäßig die jungen Pflanzen mit ganzer Wurzel ausstechen

Ernte
Wurzel von April bis Mai tief ausstechen und mitsamt dem oberirdischen Kraut an einem luftigen, warmen Ort trocknen; Blätter vor der Blüte (April bis Juni) ernten und frisch oder getrocknet verwenden

Verwendete Pflanzenteile
Wurzeln, Blätter, Blüten

Inhaltsstoffe
Bitterstoffe, Vitamine, Mineralstoffe, viel Kalium (im Kraut), Schleimstoffe, Inulin

Eigenschaften
verdauungsfördernd, galletreibend, stoffwechselanregend, appetitanregend, entgiftend, blutreinigend, entschlackend, immunstärkend

Verwendungsmöglichkeiten
Tee aus Wurzeln oder Blättern für Frühjahrs- oder Herbstkuren zur Entwässerung, Verdauungsförderung, Anregung von Leber und Galle sowie bei arthrotischen Gelenken; gleiche Wirkungsweise gilt für Wildgemüse, Salat, Saft, Gelee oder Smoothie; junge Blätter als Salat und Suppe

ENTSCHLACKUNGSTEE

Löwenzahn ist aufgrund seiner Inhaltsstoffe ideal für eine Frühlings- oder Herbstkur geeignet. Der Tee regt Leber-Galle an, wirkt entwässernd und verdauungsfördernd. Für einen Löwenzahntee eine Tasse Wasser mit 1 EL Wurzeln und/oder Blättern kalt aufsetzen, kurz aufkochen und nach sieben Minuten abgießen. Davon zwei- bis dreimal täglich eine Tasse über vier bis sechs Wochen trinken.

ECHTER THYMIAN — *Thymus vulgaris*

Der kleine Strauch aus dem Mittelmeerraum mit weißen bis hellrosa Lippenblütchen von Juni bis September begeistert uns mit seinem Sorten- und Anwendungsspektrum für Zier- und Heilbeete.

Thymiankraut, mit Blüten zu einem Würzsalz gemischt

Thymianöl als aromatische Salatwürze

Mit Thymian haben wir ein Kraut mit einem sehr breiten Wirkungsspektrum im Garten. Sein botanischer Name *Thymus* bedeutet im Griechischen Kraft und Mut. Diese Stärkung haben bereits die römischen Soldaten vor Schlachten in Thymianbädern aufgenommen.
Die wohlriechenden Zweige wurden für diese Zwecke auch zum Räuchern verwendet und um Botschaften an die Götter zu senden (*thyein* = durch Rauch opfern). Kraft, Mut und Geist sind Eigenschaften, die wir auch heute noch mit dem Kraut stärken können, um mit den Schwierigkeiten des Alltags umzugehen. Dazu gehört die Stärkung der körpereigenen Abwehrkräfte ebenso wie eine gute Verdauung.
Thymian zählt, ähnlich wie Salbei, zu den besten Immunstimulanzien unter den Mittelmeerkräutern. In seinen vielfachen Anwendungsmöglich-

Checkliste

HILFT BEI FOLGENDEN BESCHWERDEN:

- ☐ Infektionen der Atemwege
- ☐ Husten
- ☐ Bronchitis
- ☐ Asthma
- ☐ Kopfschmerzen
- ☐ grippalen Infekten
- ☐ Verdauungsproblemen bei fetten Speisen
- ☐ unreiner Haut
- ☐ Lethargie
- ☐ Darm- und Harnwegsinfekten
- ☐ Immunschwäche

keiten als Tee, Saft, Sirup, Honig, Spülung, Bad, köstlich duftendes Gewürz, Kräuterlikör und Räucherwerk schenkt er uns ein gesundes Leben und Durchhaltevermögen.

Äußerlich können wir mit Thymiansträußen zudem die Wohnung und den Wäscheschrank parfümieren.

Aufgrund der klimatischen Ansprüche liegt das Hauptverbreitungsgebiet von Thymian mit einem breiten Sortenspektrum im Mittelmeergebiet. Für den Anbau in unserem Heilgarten gibt es ab März vorgetriebene Topfware in jeder Gärtnerei. Für Heilanwendungen pflanzen wir den Echten Thymian *(Thymus vulgaris)*! Wenn der Sommer heiß und lang ist, sodass der Thymian Samen ausbilden kann, sät er sich sogar von selbst aus. Er möchte als Südländer mageren Boden und volle Sonne.

TEE

1 gehäufter TL Blätter auf eine Tasse kochendes Wasser geben, fünf Minuten ziehen lassen. Der Tee wird als Husten- und Grippemittel mit Honig gesüßt getrunken sowie als Verdauungstee ungesüßt verabreicht. Die Dosierung in beiden Fällen sind drei Tassen täglich, als Verdauungstee vor dem Essen trinken.

BADEZUSATZ

Für ein Erkältungsbad zur allgemeinen Kräftigung sowie bei Gliederschmerzen 100 bis 250 g Kraut auf 1 l kochendes Wasser geben, der Auszug dauert 15 bis 20 Minuten; anschließend abseihen und dem Badewasser zusetzen. Während des 15-minütigen Bades inhalieren wir gleichzeitig das aufsteigende und befreiende ätherische Öl.

THYMIANHONIG

50 g Thymianblätter in 500 g flüssigen Honig einlegen und 14 Tage bei Zimmertemperatur ziehen lassen. Anschließend durch ein feines Sieb geben und wieder kühl und dunkel lagern. Löffelweise bei Husten geben.

KULTIVIERUNG UND VERWENDUNG

Anbau
Thymian ist eine ideale Pflanze für den sonnigen Steingarten. Am besten besorgt man sich ein bis zwei Mutterpflanzen aus der Gärtnerei und pflanzt sie ab Ende März in mageren, durchlässigen Boden; kein Winterschutz nötig; auch Topf- oder Kübelkultur möglich; im Beet kann die Pflanze auch kurzzeitig sehr trocken stehen, ohne dass sie Schaden nimmt; Vermehrung durch Absenker im Sommer möglich; Rückschnitt im Frühjahr

Ernte
kann als Neupflanzung bereits ab April/Mai in geringen Mengen geerntet werden; um die Pflanze nicht zu schwächen, werden wenige Zweiglein abgeschnitten und als Sträußchen aufgehängt und getrocknet; anschließend die feinen Blättchen mit Hilfe eines Kamms abrebeln, ab dem zweiten Jahr kann vor, während und nach der Blüte geerntet werden; für besondere Rezepturen, wie essbare Blütenmischungen, die kleinen Blüten von Juni bis September separat abernten

Verwendbare Pflanzenteile
Blättchen, Blüten

Inhaltsstoffe
ätherisches Öl (Thymol), Saponine, Bitterstoffe, Gerbstoffe, Flavonoide, Zink

Eigenschaften
entzündungshemmend, fiebersenkend, antibakteriell, beruhigend, verdauungsfördernd, entwässernd, immunstärkend, stimmungsaufhellend

Verwendungsmöglichkeiten
Hauptanwendung mit Blättertee bei Kopfschmerzen, Lethargie, allen Infektionen im Atembereich, Virusgrippe, als unterstützendes und desinfizierendes Mittel bei Verdauungsstörungen, Gurgelmittel, Inhalat; Blätter als Badezusatz für ein Erkältungsbad zur allgemeinen Kräftigung und bei Gliederschmerzen (ein Bad sollte 15 Minuten betragen, um die Atemwege durch Einatmen der ätherischen Öle zu befreien); Räuchern mit getrockneten Blättchen und Zweigen für ein gutes Durchhaltevermögen; Blätter und Blüten als Gewürz sowie als Basis für einen Liköransatz; Thymianhonig als Hustenmittel

KAPUZINERKRESSE — *Tropaeolum majus*

Von der schnell wachsenden, einjährigen Kapuzinerkresse sind fast alle Pflanzenbestandteile bis auf die Wurzel essbar. Als frische Zutat schärft sie Salate, Kräuteressige, Kräuterbutter und Soßen. Dadurch stärkt sie unsere Abwehrkräfte und lindert Atemwegserkrankungen.

KULTIVIERUNG UND VERWENDUNG

Anbau

ab März in Anzuchttöpfen auf der Fensterbank, pro Töpfchen etwa drei Samen legen; ab Mitte/Ende April, besser Mitte Mai, die gut entwickelten Pflanzen im Garten auspflanzen, auch Direktsaat ins Beet möglich; warme, durchlässige, frische Böden an einem sonnigen bis halbschattigen Standort; auf Blattläuse achten

Ernte

junge, grüne Blätter; Blüten von Juni bis Ende September; Samen

Verwendete Pflanzenteile

Blätter, Blüten, Samen

Inhaltsstoffe

ätherisches Öl (Benzylsenföl), Senfölglykoside und noch nicht näher erforschte Nebenwirkstoffe, Vitamin C und B, Flavonoide, Oxalsäure und Mineralien (Eisen, Kalium, Magnesium, Phosphor)

Eigenschaften

bakterizid, bakteriostatisch, virustatisch, antimykotisch, antipyretisch, blutreinigend, immunstimulatorisch, antikarzinogen

Verwendungsmöglichkeiten

frische Pflanze zur Stärkung der Abwehrkräfte sowie zur Behandlung von Atem- und Harnwegsinfekten (ab täglichem Verzehr von 40 g); frische Blätter klein geschnitten als kühlende Wundauflage; Würzkraut für die Küche; Essig aus Blättern und Blüten; Samen als falsche Kapern eingelegt

Die Kresse der Kapuzinermönche kam im 16. Jahrhundert durch holländische Seefahrer von Peru nach Mitteleuropa. Da sie als neuartige Pflanze zunächst in Klostergärten gezogen und studiert wurde, waren es wohl die Kapuzinermönche, die für ihre Namensgebung sorgten. Den Erfinder der botanischen Nomenklatur, Carl von Linné, erinnerten die Blüten an einen Helm und die Blätter an ein Schild, worauf sich ihr lateinischer Name *Tropaeolum* bezieht (griechisch *Tropaion* = antikes Siegessymbol).

Im Geschmack ähnelt die Kapuzinerkresse unserer Gartenkresse; die Schärfe von Blüten, Blättern und Samen wird durch die uns bereits bekannten Senfölglykoside verursacht. Für eine Vielzahl von Insekten sind Senföle giftig, deshalb haben verschiedene Kressearten, wie die Kapuzinerkresse, diese Stoffe entwickelt, um nicht gefressen zu werden. Wenn Sie eine Kapuzinerkresse neben Ihre Bohnen oder unter einen Apfelbaum pflanzen, werden Sie allerdings feststellen, dass diese „Abwehrmaßnahme" die oft zuhauf vorkommenden schwarzen Blattläuse überhaupt nicht interessiert und sie sich erst recht auf der „schönen Südamerikanerin" niederlassen. Wir machen sie uns daher als „Opferpflanze" zunutze und schützen so die Nachbarpflanzen. Für uns ist es zudem wichtig, zu wissen, dass die Senföle einen scharfen Geruch besitzen, dieser aber erst durch das Zerkleinern des Krautes freigesetzt wird.

Das ätherische Benzylsenföl der Pflanze besitzt eine antibiotische Wirkung, auch Abwehreigenschaften gegen Sprosspilze wurden nachgewiesen. Das Benzylsenföl wird im Darm annähernd vollständig vom Körper aufgenommen, ohne dabei

Die Blüten erscheinen von Juni bis September in Farbtönen von Gelb bis Rot. Sie haben ebenso wie die Blätter und Samen eine feine Schärfe. Die Pflanze ist pflegeleicht, wird aber gerne von Blattläusen besucht.

Ein heilkräftiger, bunter Salat mit jungen Spinatblättern, Mangold, Radicchio, Erbsensprossen und Kapuzinerkresseblättern. Die Blüten der Kapuzinerkresse sind ein besonders würziger und optischer Genuss.

die tiefen Schichten des Darms zu schädigen, wie es manchmal bei herkömmlichen Antibiotika der Fall ist. Es zerstört unerwünschte Mikroorganismen in unserem Körper, sodass sie keinen Schaden mehr anrichten können. Insgesamt werden die körpereigenen Abwehrkräfte gestärkt. Nicht nur in ihren Heimatländern in Südamerika wurde die Pflanze schon immer zur Behandlung von Wunden aller Art genutzt.

Kapuzinerkresse kann lediglich frisch verwendet werden, da nur so die Wirkstoffe aufgenommen werden können. Die Blätter und Blüten schmecken besonders gut in frischen Blattsalaten, auf Butterbrot, in Quark und Joghurt oder zu kaltem, gekochtem Gemüse und grünen oder roten, kalten Soßen. Mit Hilfe der schnell wachsenden Kapuzinerkresse können wir auf diese Weise eine gesundheitsfördernde Blutreinigungskur genießen.

Ein therapeutischer Effekt tritt allerdings erst dann ein, wenn wir täglich eine Menge von 40 g Kapuzinerkressekraut zu uns nehmen. Aber Vorsicht, zu viel von den Blättern im Salat führen zu Reizerscheinungen im Magen-Darm-Bereich und den Nieren.

Checkliste

HILFT BEI FOLGENDEN BESCHWERDEN:

- ☐ Infekten der Luftwege und ableitenden Harnwege
- ☐ Abwehrschwäche
- ☐ Entzündungen der Haut
- ☐ Wunden

GROSSE BRENNNESSEL
— *Urtica dioica*

Die grünen Blätter der weitverbreiteten Pflanze enthalten hohe Mengen an Vitamin C. Die Pflanzenkraft können wir als leckeren Brennnesselspinat genießen oder zum Durchspülen von Blase und Nieren nutzen.

Die Blätter der Brennnessel sind sehr eisenhaltig.

Alle verwendbaren Teile der Brennnessel

Die seit Urzeiten bekannte brennende Nessel hat es wohl nur ihrem wehrhaften Auftreten in Form von Brennhaaren (mit ihren Abwehrstoffen Histamin und Ameisensäure) zu verdanken, dass sie noch nicht ausgerottet ist. Zum Glück, denn ihre Inhaltsstoffe sind wertvoll!
Es mag aber auch daran liegen, dass sie gerne in der Nähe von menschlichen Behausungen an Zäunen, Wegrändern, in Gräben, am Waldrand und auf Schuttplätzen wächst – also überall dort, wo sie nährstoffreichen Boden vorfindet. Außerdem sind die Zeiten von Armut, in denen die Brennnessel als kostenlose Suppe und Spinat herhalten musste vorüber, sodass auch dieser Sachverhalt zum Erhalt der Dame mit dem nachhaltigen Händedruck beigetragen hat.
Durch ihre Rückkehr in die moderne Wildkräuterküche könnte dem Überlebensdrang der Brennnessel jedoch einiges an menschlicher Gegenwehr widerfahren.
Der Verbrauch von Brennnesseln für Heilanwendungen als Tee oder Saft ist allgemein wieder gestiegen. Man nutzt die geballte Pflanzenkraft von Vitaminen, Mineralstoffen, Spurenelementen, Phytohormonen, Eiweiß und vor allem Chlorophyll, wie sie selten in den Blättern von Heilpflanzen in solch hohen Konzentrationen vorkommt. Beispielsweise als Frischekur im Frühjahr, denn 100 g Blätter enthalten den dreifachen Tagesbedarf an Vitamin C.
Die Brennnessel hilft bei Blasen- und Nierenleiden, indem sie die Urinausscheidung steigert und so für eine restlose Entleerung der Blase sorgt. Das wirkt sich entzündungshemmend und harnsäuresenkend aus, was besonders für Männer wichtig ist. Die Einnahme der vitalisierenden Brennnesselsamen nützt

Frauen und Männern bei nachlassender Leistungsfähigkeit gleichermaßen. Sie lassen sich gut über Speisen streuen, in Salatsoßen einrühren, in Joghurt oder Quark verrühren und passen durch den an Nüsse erinnernden Geschmack sogar zu Süßspeisen. Auch selbst gemachte Kräuterbutter kann mit Brennnesselsamen angereichert werden.
Der häufigen Ernte der jungen Blätter steht nichts im Wege, denn durch Waschen oder Trocknen verlieren auch die Brennhaare ihren Schrecken, weil sie einfach abbrechen. Man kann sie in Salat, Spinat, Suppe oder im Smoothie genießen und profitiert auf diese Weise von der stark stoffwechselanregenden Wirkung der Pflanze.

WURZELTEE

Für die Heilanwendung bei Blasen-Nieren-Prostata-Leiden: 1 TL grob zerkleinerte Wurzel mit 150 ml kaltem Wasser übergießen, zugedeckt erwärmen und kurz aufkochen lassen; nach zehn Minuten ist der Tee gebrauchsfertig. Täglich drei bis fünf Tassen trinken (nicht bei Niereninsuffizienz!).

PRESSSAFT

Den hohen Vitamin-C-Gehalt können wir uns am besten als Presssaft zugutekommen lassen. Dafür ein Bund Brennnesseln klein schneiden und einen Tag lang in Wasser einlegen; am nächsten Tag auspressen und ein Schnapsglas pro Tag trinken.

Checkliste

HILFT BEI FOLGENDEN BESCHWERDEN:

- ☐ Blasen-Nieren-Prostata-Leiden
- ☐ Gicht
- ☐ Rheuma
- ☐ Vitalitätsverlust
- ☐ Vitamin- und Mineralstoffmangel
- ☐ Stoffwechselproblemen
- ☐ Leber-Gallen-Problemen
- ☐ Entzündungen

KULTIVIERUNG UND VERWENDUNG

Anbau
Die Aussaat erfolgt im Frühjahr auf möglichst stickstoffreichem Boden. Für die Vermehrung sorgt die Pflanze dann selbst durch Wurzelausläufer oder Versamung, daher gelegentlich reduzieren. Sie gedeiht an sonnigen bis halbschattigen Standorten.

Ernte
junge Blätter im Frühjahr; Blätter mit Handschuhen abzupfen oder ganze Büschel abschneiden und bundweise trocknen, nur die Blätter der frischen Triebe ernten; Wurzeln im Herbst oder Frühjahr ausgraben, von anhaftender Erde befreien und an der Luft trocknen; Samen im Hochsommer, wenn sie leicht bräunlich sind

Verwendete Pflanzenteile
Blätter, Wurzeln, Samen

Inhaltsstoffe
Chlorophyll, Mineralsalze, Spurenelemente, Kieselsäure, organische Säuren, Nesselgift (Histamin) in den Brennhaaren, Vitamine (A, B, C, E, K), Proteine, fettes Samenöl, Eisen, Gerbstoffe (in den Wurzeln), Schwefel, Phytohormone

Eigenschaften
harntreibend, blutreinigend, entzündungshemmend, vitalisierend, stoffwechselanregend
Achtung: Brennnessel darf nicht bei Stauungen und Wasseransammlungen infolge eingeschränkter Herz- und Nierentätigkeit angewandt werden!

Verwendungsmöglichkeiten
Brennnesselwurzeln als Tee bei Blasen-Nieren-Prostata-Leiden, auch äußerlich als Haarwasser bei Haarausfall als Spülung sowie zur allgemeinen Kräftigung des Haares (mit einer Hand voll zerkleinerter Wurzeln und 150 ml Wasser fünf Minuten aufgekocht); Blätter als stoffwechselanregende Frühjahrskur in Form von Tee oder in Gerichten, als Presssaft bei Vitamin-C-Mangel, als Teekur bei Rheuma und Gicht (Pausen von mindestens acht bis 14 Tagen einhalten, nicht als Dauerpower verwenden); Brennnesselsamen zur Steigerung der Leistungsfähigkeit (1 bis 3 TL täglich) sowie in Süßspeisen, Salatsoßen, Quark oder Kräuterbutter

ECHTER BALDRIAN
— *Valeriana officinalis*

Baldrian, der von Juni bis August rosa bis weiße Blütenstände zeigt, wird bis zu 1 m hoch. Seine Wurzeln helfen als Tee und in Form wohltuender Bäder gegen Nervosität sowie bei Einschlafstörungen.

KULTIVIERUNG UND VERWENDUNG

Anbau
den Echten Baldrian *(Valeriana officinalis)* als Staude besorgen und im späten Frühling oder Herbst in tiefgründigen, frischen, humosen Boden an einen sonnigen bis halbschattigen Standort pflanzen; oder vorhandene Pflanzen im Herbst durch Wurzelteilung vermehren; er vermehrt sich danach von selbst; Rückschnitt nach der Blüte möglich

Ernte
ab dem zweiten Standjahr die heilsamen feinen Wurzeln mit dem spezifischen Duft, der sich beim Trocknen entwickelt, von September bis Oktober ausgraben; zum Trocknen zerkleinern und schattig, luftig und vor allem katzensicher(!) auslegen

Verwendete Pflanzenteile
Wurzeln

Inhaltsstoffe
ätherisches Öl, Baldriansäuren, Valepotriate, Alkaloide, Bitterstoffe, Gerbstoffe, Harz

Eigenschaften
nervenberuhigend, krampfstillend, nach fünf bis 14 Tagen schlaffördernd, allgemein entspannend, harntreibend, blähungstreibend

Verwendungsmöglichkeiten
als Tee oder Bad, bei der Anwendung von Baldrian müssen wir darauf achten, dass wir nach spätestens zwei Wochen eine Pause machen, da sich sonst eine sogenannte Paradox-Reaktion einstellen kann, d. h. die beruhigende Wirkung schlägt ins Gegenteil um

Halte ein, wenn es Zeit ist, innezuhalten, und trinke Baldriantee! So einfach geht Entschleunigung, wenn wir diesen Rat konsequent genug umsetzen. Aber genau darin liegt das Problem. Erst wenn uns Unruhe, Angst, Schlafstörungen, Herzbeschwerden, Muskelverspannungen, Kopfschmerzen und Trübsinn plagen, stellen wir fest, dass wir uns mal wieder auf der eigenen Überholspur befinden. Spätestens dann wird es Zeit für Baldrian. Er entspannt, stabilisiert das seelisch-körperliche Gleichgewicht, entschleunigt das Lebenstempo und hilft uns auf diese Weise, mit den täglichen Anforderungen des Lebens, besonders in Stresssituationen, geruhsam fertig zu werden – und ein erholsamer Schlaf stellt sich dadurch abends wie von selbst ein.

Von Baldrian verwenden wir die Wurzeln.

Die schlaffördernde Wirkung ist jedoch lediglich eine Begleiterscheinung bei der Anwendung und tritt nur im Zuge der allgemeinen Entspannung in Erscheinung. Deshalb eignet sich ein Tässchen Tee, bereits am Morgen getrunken, als probates Mittel gegen Prüfungsangst sowie andere unangenehme Termine tagsüber – mit dieser Empfehlung habe ich schon so manchen Abiturienten oder Fahrschüler über die Runden gebracht, und zwar ohne dass sie während der Prüfungen eingeschlafen sind. Bei einer längeren pausenlosen Anwendung von Baldrian kann sich die beruhigende Wirkung ins Gegenteil umschlagen, auch Paradox-Reaktion genannt.
Soll die beruhigende Wirkung am Abend intensiviert werden, rate ich zu einem Baldrianbad. Nehmen Sie sich Zeit für das Bad und für sich selbst – entspannen Sie. Denn hier steht nicht die körperliche Reinigung im Vordergrund, sondern die seelische.
Daher kann ich nur empfehlen, die Baldrianstaude im Heilgarten zu kultivieren. Sie kennen die Pflanze mit dem betörenden Blütenduft vielleicht schon als stattliches Exemplar am Wegesrand, vor allem an Gräben, kleinen Rinnsalen oder am Waldrand, ohne dass Sie dabei auf den Gedanken gekommen wären, dass es sich um Baldrian handelt.

TEE

Für eine Tasse Baldriantee 2 TL getrocknete Wurzeln pro Tasse als Infus (heißer Aufguss) mit ½ l siedend heißem Wasser übergießen und zehn Minuten zugedeckt ziehen lassen. Davon zwei- bis dreimal täglich eine Tasse bei nervösen Magenbeschwerden trinken; zur Geschmacksverbesserung kann man noch 1 EL Zitronenmelisseblätter dazugeben.

ENTSPANNUNGSBAD

Für ein Abendbad 100 g Baldrianwurzeln mit 2 l Wasser aufgießen, zum Sieden bringen und nach zehn Minuten abseihen. Danach dem Badewasser zusetzen. Nicht in der Wanne einschlafen, das kann passieren.

Baldrianpflanzen mit ihren duftenden, zierenden Blüten

Checkliste

HILFT BEI FOLGENDEN BESCHWERDEN:

- ☐ Stress
- ☐ nervöser Unruhe
- ☐ Überforderung
- ☐ nervösen Herzproblemen
- ☐ Magen-Darm-Störungen nervöser Art
- ☐ Prüfungsangst
- ☐ Wechseljahresproblemen (auch bei Männern!)
- ☐ Ein- und Durchschlafstörungen

GROSSBLÜTIGE KÖNIGSKERZE — *Verbascum densiflorum*

Die zweijährige Königskerze bildet eine Blattrosette, aus der sich von Juni bis August bis zu 2 m hohe, gelbe Blütenstände erheben. Diese sind Bestandteile von Hustentees und Umschlägen bei Wunden.

Wenn ich am Klosterberg von Maulbronn hinter der ehrwürdigen Klosteranlage der Zisterzienser meine Kräuterführungen beginne, begegne ich der Hustenkönigin, wie die Königskerze auch genannt wird, in den Sommermonaten sehr häufig.

KULTIVIERUNG UND VERWENDUNG

Anbau
Aussaat im Sommer oder Jungpflanzen in magere, durchlässige, warme Böden an einen sonnigen Standort setzen; samt sich leicht selbst aus

Ernte
Blüten von Juni bis August am frühen Vormittag; vorsichtig aus ihrem Kelch zupfen und schnell trocknen, da sie sonst an Farbe und Wirkstoff verlieren; wegen der stark ausgebildeten hygroskopischen (wasserziehenden) Eigenschaft unbedingt in dicht schließenden Gefäßen lagern, dafür müssen die Blüten absolut trocken sein (Schimmelgefahr!)

Verwendete Pflanzenteile
Blüten, Blätter

Inhaltsstoffe
Schleimstoffe, Saponine, Flavonoide, ätherische Öle, Cumarine

Eigenschaften
entzündungshemmend, schleimlösend, harntreibend

Verwendungsmöglichkeiten
Blüten als Tee gegen Husten, Heiserkeit und Bronchitis; Blüten und Blätter für Umschläge bei Hautproblemen und Wunden

Hildegard von Bingen hat sie hier bei ihrem Besuch in dieser Gegend sicherlich auch schon gefunden, denn die Trockenmauern des Klosterweinberges waren bereits vor 850 Jahren von den Mönchen errichtet worden. Ein idealer Standort also für die stattliche Pflanze, die eine Vorliebe für steiniges Gelände, Böschungen und Wegränder hat.
Den Mönchen und Nonnen jener Zeit war bereits die Heilwirkung bei Husten, Ohrenschmerzen, Heiserkeit, Wunden und Atemnot bekannt. Dass die „Kerze" auch Licht in die Seele bringt und Schwermütigkeit sowie traurige Herzen mit ihrer Sonnenfarbe verschwinden lässt, ist ebenfalls seit langer Zeit überliefert. Die Blüten wurden zudem als Bad bei juckenden Hautstellen empfohlen.
Wie die Bezeichnung „Hustenkönigin" schon sagt, ist die Königskerze auch heute noch ein wirksames Heilkraut, um Husten zu lindern. Das geschieht auf zweierlei Art: Der hohe Schleimstoffanteil hilft bei quälendem Reizhusten und Heiserkeit, indem die entzündeten und überreizten Schleimhäute geschützt werden. Die ebenfalls vorhandenen Saponine verflüssigen zudem zähen Bronchialschleim, sodass dieser leichter abgehustet werden kann.
Daher gibt es auch zwei Möglichkeiten, wie wir uns mit Hilfe von einem Königskerzentee den Husten „vom Hals schaffen" können. Zum einen mit der auswurffördernden Wirkung mittels der Saponine, zum anderen durch reizlindernden Effekt mit Hilfe der Schleimstoffe. Die Teezubereitungen können wir in doppelter Dosierung auch gegen Hautprobleme anwenden.
Für den Anbau ist es wichtig, zu wissen, dass es sich bei dieser Pflanze um eine zweijährige han-

Als Gruppenpflanze macht die schlanke Königskerze mit ihren gelben Blütenständen eine gute Figur.

delt, die im ersten Jahr ihre Blattrosette bildet und erst im darauffolgenden Jahr blüht. Wenn wir die verblühten „Kerzen" stehen lassen, sorgen sie durch Versamung selbst für Nachkommen, da die Königskerze zu den Lichtkeimern gehört und sich dort hinsetzt, wo ihre Wünsche an Standort, Lichtverhältnisse und Bodenbeschaffenheit erfüllt werden. Dem Volksglauben nach weist die Höhe und Fülle der Blütenstände auf die Länge und Schneemenge des Winters hin.

TEE MIT AUSWURF-FÖRDERNDER WIRKUNG

1 EL Königskerzenblüten mit 150 ml heißem Wasser übergießen und zugedeckt zehn Minuten ziehen lassen; täglich drei Tassen mit Honig gesüßt davon trinken.
In manchen Gegenden wird die Pflanze auch „Wollblume" genannt. Die Namensgebung beruht darauf, dass die oberen Staubfäden sowie die Blätter der Pflanzenrosette weißwollig behaart sind. Daher müssen wir den Aufguss über einen Papierfilter abfiltrieren und so von der Wolle befreien.

REIZLINDERNDER TEE

1 EL Königskerzenblüten mit 150 ml kaltem Wasser übergießen und 30 bis 60 Minuten ziehen lassen. Drei Tassen täglich bei Husten, Bronchitis oder Heiserkeit trinken.

INFUS/AUFGUSS

Äußerlich wird ein Infus aus Blüten und Blättern für Umschläge bei Hautproblemen, Wunden und Prellungen verwendet. Die Zubereitung ist wie bei Tee, aber in doppelter Dosierung, d. h. 2 EL pro Tasse Wasser.

Checkliste

HILFT BEI FOLGENDEN BESCHWERDEN:

- ☐ Reizhusten
- ☐ Bronchitis
- ☐ Heiserkeit
- ☐ Hautproblemen

GEWÖHNLICHES EISENKRAUT — *Verbena officinalis*

Nur wenige kennen das zierliche Kraut mit den sparrig verästelten Zweigen, vierkantigen Stängeln und den kleinen, fast unscheinbaren, blassblauen Blüten. Obwohl es im Mittelalter als Wunderkraut gegen sämtliche Krankheiten im Einsatz war, ist es heutzutage fast in Vergessenheit geraten.

KULTIVIERUNG UND VERWENDUNG

Anbau
Aussaat im Frühjahr oder Teilung des Wurzelstockes im Herbst in trockene, durchlässige Böden an einem sonnigen Platz; gedeiht an Wegen, Straßen und vor Hecken, auch vor einer Gartenmauer fühlt sich die Pflanze wohl; Rückschnitt im Herbst

Ernte
ganzes Kraut zu Beginn der Blüte (Juli bis September); an einem warmen und schattigen Platz trocknen

Verwendete Pflanzenteile
blühendes Kraut

Inhaltsstoffe
Iridoid-Glykoside (Verbenalin), Gerbstoffe, ätherisches Öl, Kieselsäure, Bitterstoffe, Schleim

Eigenschaften
beruhigend, leicht antidepressiv, wundheilend, verdauungsfördernd, entkrampfend, tonisierend auf Leber und Galle, milchflussfördernd, entzündungshemmend, antibakteriell

Verwendungsmöglichkeiten
Tee als Stärkungsmittel sowie zur Stoffwechselanregung bei Nervenschwäche und Schlafstörungen; alkoholischer Auszug bei nervösen Herzbeschwerden, Übererregung aufgrund von Schilddrüsenerkrankungen, Prüfungsangst, Schwächezuständen nach Krankheiten; getrocknetes Kraut zum Räuchern zur Förderung der Wachsamkeit, Aufmerksamkeit und Klarheit, reinigt Räume, in denen gestritten wurde, macht Mut und gibt Stärke

Traditionell wird die Arzneipflanze in der Volksmedizin bei Verdauungsstörungen, Regelbeschwerden, zur Förderung der Milchbildung sowie bei äußerlich schlecht heilenden Wunden angewendet. Durch seine Inhaltsstoffe galt das Eisenkraut *(Verbena officinalis)* schon immer als allgemeines Stärkungsmittel bei Nervenschwäche und Schlafstörungen sowie bei nervösen Herzbeschwerden, Übererregung, Prüfungsangst und Schwächezuständen nach Krankheiten.
Da das Räuchern in den letzten Jahren wieder in Mode gekommen ist, hat man auch für diesen Einsatzbereich das Kraut neu entdeckt. An Orten und in Situationen, wo Diplomatie, Mut und Geschäftssinn gegen Streit und Prüfungsangst gefordert sind, findet es Verwendung – mit Eisenkrautbesen wurden bei den Römern gar wichtige Verträge be-

Checkliste

HILFT BEI FOLGENDEN BESCHWERDEN:

- ☐ nervösen Anspannung mit Schlafstörungen
- ☐ Erschöpfung
- ☐ Nasennebenhöhlen-Entzündungen
- ☐ nervösen Herzbeschwerden
- ☐ Übererregung
- ☐ Verdauungsstörungen
- ☐ leichten Depressionen und Ängsten
- ☐ Schwächezuständen
- ☐ schlecht heilenden Wunden
- ☐ zu wenig Milchfluss
- ☐ Regelbeschwerden

Die zartblauen hübschen Eisenkrautblüten

Der Tee von Gewöhnlichem Eisenkraut schmeckt etwas bitter.

rührt, damit göttliche Gerechtigkeit darin wirke und das Wort gelte.

Nach neuesten Erkenntnissen hilft das Eisenkraut bei akuten und chronischen Entzündungen der Nasennebenhöhlen sowie gegen Katarrhe der oberen Luftwege. Für die medizinische Wirkung des Eisenkrauts ist vor allem das Verbenalin verantwortlich. Seine schon länger bekannte sekretolytische Eigenschaft konnte in einer wissenschaftlichen Untersuchung bestätigt werden. Das ebenfalls untersuchte Verbascosid erwies sich als Hemmstoff verschiedener krankheitsauslösender Enzyme und besitzt daher eine antibakterielle Wirkung.

Extrakte aus *Verbena officinalis* wirken antiviral und immunstimulierend, wie in Testverfahren festgestellt wurde. Weitere Heilwirkungen bei der Verwendung von Eisenkraut sind: entzündungshemmend, entkrampfend, verdauungsfördernd und harntreibend.

TEE

Zur Stoffwechselanregung bei Nervenschwäche und Schlafstörungen: 1 TL getrocknetes Kraut mit einer Tasse kochendem Wasser überbrühen, nach sieben Minuten abgießen; zwei Tassen täglich trinken

ALKOHOLISCHER AUSZUG

Bei Befindlichkeitsstörungen wie nervösen Herzbeschwerden, Übererregung auch aufgrund von Schilddrüsenerkrankungen, Prüfungsangst und Schwächezuständen nach Krankheiten: 25 g getrocknetes Kraut in eine helle Flasche geben und mit ½ l Wodka aufgießen. Nach vier Wochen ist der Ansatz fertig, dann abfiltrieren und in einer dunklen Flasche lagern.

Da es sich hierbei um eine hoch dosierte Tinktur handelt, reichen 1 bis 2 TL täglich.

RÄUCHERWERK

Eine Prise getrocknetes Kraut auf eine durchgeglühte Räucherkohle in ein feuerfestes Gefäß (am besten mit Sand oder auf ein Sieb) geben oder das Kraut als Räucherbündel auf einem Teller verglimmen. Räucherungen mit Eisenkraut machen „eisern" in nervlich aufreibenden Zeiten und erden, damit wir das Wesentliche vom Unwesentlichen unterscheiden können. In diesem Zusammenhang ist es interessant, zu wissen, dass der Name *Verbena* zu Zeiten der Verehrung römischer Gottheiten auf alle Pflanzen übertragen wurde, die bei religiösen und anderen feierlichen Handlungen gebraucht wurden.

WILDES STIEFMÜTTERCHEN — *Viola tricolor*

Ein kleiner Dauerblüher von April bis November, der leicht im Garten verwildert. Das ganze Kraut können wir im Sommer trocknen und gegen Haut- und Erkältungskrankheiten einsetzen.

KULTIVIERUNG UND VERWENDUNG

Anbau
das Stiefmütterchen gehört zu den einjährigen Gewächsen und muss daher jedes Jahr neu ausgesät werden; es stellt keine besonderen Ansprüche an den Boden, dieser sollte jedoch nicht austrocknen und an einem sonnigen bis halbschattigen Standort liegen; wenn wir einigen Pflänzchen die Samenbildung ermöglichen, d. h. nicht komplett ernten, versamt sich das Stiefmütterchen bereitwillig von selbst in unseren Beeten

Ernte
das Kraut zwischen Mai und September schneiden, Mitte Juni soll es die meisten Heilkräfte besitzen; danach zügig im Schatten trocknen und in gut schließenden Gefäßen lagern

Verwendete Pflanzenteile
ganzes Kraut

Inhaltsstoffe
Anthocyane, Flavone, Alkaloide, Gerbstoffe, Gerbsäure, Schleimstoffe, ätherisches Öl, Methylsalicylat, Cumarin

Eigenschaften
entzündungshemmend, stoffwechselanregend, schweißtreibend, schmerzlindernd, schleimlösend, blutreinigend

Verwendungsmöglichkeiten
Tee bei Hautkrankheiten, Keuchhusten, Durchblutungsstörungen, Stoffwechselproblemen und Asthma; bei Kleinkindern als Fläschchenzubereitung gegen Milchschorf und Windeldermatitis; Bäder und Umschläge bei Hautkrankheiten

Der Name „Stiefmütterchen" entstand durch das sogenannte Blütendiagramm: Unten in der Mitte thront als großes Blütenblatt die Stiefmutter, daneben die Töchter und oben die Stieftöchter. Wir finden die kleinen Pflanzen aus der Familie der Veilchen häufig als Grabbepflanzung. Das hat zum einen damit zu tun, dass sie bereits im zeitigen Frühjahr blühen und bis zum Sommerflor im Mai unablässig neue Blüten treiben, zum anderen aber auch, dass sie als Symbol der Heiligen Dreifaltigkeit gelten.
Das Wilde Stiefmütterchen *(Viola tricolor)* war schon immer als Schönheitsmittel für die Haut in Gebrauch und wurde gegen hartnäckige Hautprobleme eingesetzt. Besonders die empfindliche Haut von Kleinkindern wird häufig von Milchschorf, Säuglingsekzemen und Windeldermatitis heimgesucht, hier schafft eine Fläschchenzubereitung mit Stiefmütterchentee Linderung, und

Checkliste

HILFT BEI FOLGENDEN BESCHWERDEN:

- ☐ chronischen Ekzemen
- ☐ Milchschorf
- ☐ seborrhoischen Hauterkrankungen
- ☐ Juckreiz
- ☐ Akne
- ☐ Windeldermatitis
- ☐ Stoffwechselproblemen
- ☐ Keuchhusten
- ☐ Asthma
- ☐ Durchblutungsstörungen

Das Wilde Stiefmütterchen wird zwar nur etwa 30 cm hoch, doch erfreut es uns schon ab April mit seinen fröhlichen Blüten.

auch ein Bad sowie Kompressen mit einem Stiefmütterchenauszug können helfen. Gegen Keuchhusten und Asthma ist ebenfalls ein Tee hilfreich, zudem können wir den Stoffwechsel und die Durchblutung anregen.
Leider ist das früher weitverbreitete Heilkraut als Acker-, Feld- und Wiesenbewohner durch eine Intensivbewirtschaftung dieser Flächen immer seltener zu finden, sodass wir es sinnvollerweise in unserem Heilgarten pflegen sollten. Da es einjährig wächst, müssen wir es jedes Jahr neu anpflanzen. So können wir auch die nette „Damengesellschaft" der Stiefmütterchenblüten als essbare Blüten auf unseren Speisen und Tellern dekorieren, sie in Eiswürfel einfrieren und für leckere Desserts kandieren, indem wir sie in Zuckersirup einlegen und anschließend auf einem Backpapier im Backofen bei unterster Wärmestufe trocknen.

TEE

Das Stiefmütterchen wird als Tee bei Hautkrankheiten, Keuchhusten, Lungenkrankheiten und Asthma verwendet. Dazu 1 TL Kraut mit einer Tasse heißem Wasser übergießen, den Auszug fünf Minuten stehen lassen, dann abgießen. Für Säuglinge ¼ TL Kraut pro Tasse verwenden. Drei Tassen täglich trinken.

BÄDER UND UMSCHLÄGE

Bei Hautproblemen 3 bis 4 EL Kraut mit 1 l kochendem Wasser übergießen; nach 15 Minuten abfiltrieren und in das Badewasser geben.
Für Umschläge 1 gehäuften TL Kraut mit 150 ml kochendem Wasser übergießen. Mehrmals täglich als Umschlag oder Kompresse anwenden.

PFLANZENFINDER GEGEN BESCHWERDEN

BESCHWERDEN	HEILPFLANZE	SEITE
Abwehrschwäche	Kapuzinerkresse	170
Akne	Stiefmütterchen, Wildes	180
Altersherz – allgemein	Weißdorn, Eingriffeliger	72
Angina	Zwiebel	38
Ängste	Eisenkraut, Gewöhnliches	178
	Rosmarin	156
Anspannungen, nervöse	Eisenkraut, Gewöhnliches	178
Antriebsschwäche	Rosmarin	156
Appetitlosigkeit	Engelwurz, Echte	110
	Löwenzahn	166
Arteriosklerose	Knoblauch	36
	Schwarze Johannisbeere	84
	Weissdorn, Eingriffeliger	72
Arthrose	Löwenzahn	166
	Paprika und Chili	46
	Rote Bete	40
Asthma	Stiefmütterchen, Wildes	180
	Thymian, Echter	168
Atemwegs-erkrankungen	Kamille, Echte	138
	Kapuzinerkresse	170
	Thymian, Echter	168
Atemwegskatarrh	Eibisch, Echter	106
Augen, geschwollen und entzündet	Kartoffel	64
Augenkrankheiten, altersbedingt	Spinat	66
Bettnässe	Gartenkürbis	50
Bindegewebs-schwäche	Löwenzahn	166
Blähungen	Anis	150
	Basilikum	146
	Dill	108
	Fenchel, Gewürz-	128
	Kümmel, Echter	122
	Petersilie	148
	Pfefferminze	144
	Wacholder	76
	Zwiebel	38
Blasen- und Gallensteine	Heidelbeere	94
Blasen- und Nieren-entzündungen	Gartenbohne, Dicke Bohne	60

BESCHWERDEN	HEILPFLANZE	SEITE
Blasen-Nieren-Prostata-Leiden	Brennnessel, Große	172
Blase	Berberitze, Gewöhnliche	70
	Gartenkürbis	50
	Gundermann	130
	Löwenzahn	166
	Petersilie	148
	Schwarze Johannisbeere	84
Blutdruck, niedriger	Rosmarin	156
Blutfettwerte, erhöhte	Artischocke	52
Blutergüsse	Beinwell, Gewöhnlicher	162
	Ringelblume	120
Bronchitis	Anis	150
	Fenchel, Gewürz-	128
	Gartenbohne, Dicke Bohne	60
	Königskerze, Großblütige	176
	Schlüsselblume, Echte	154
	Spitzwegerich	152
	Thymian, Echter	168
Brustdrüsenent-zündungen	Frauenmantel, Gewöhnlicher	100
Cholesterinwerte, hohe (vorbeugend)	Apfel	78
Darminfekte	Thymian, Echter	168
Darmträgheit	Kohl	42
Depressionen, leichte	Eisenkraut, Gewöhnliches	178
	Kamille, Römische	124
	Lavendel, Echter	134
	Tomate	58
	Zitronenverbene	104
Durchblutungs-störungen	Meerrettich	114
	Rosmarin	156
	Stiefmütterchen, Wildes	180
	Wacholder	76
Durchfall	Berberitze, Gewöhnliche	70
	Brombeere	88
	Frauenmantel, Gewöhnlicher	100
	Heidelbeere	
	Hunds-Rose	94
	Wegwarte	86
		126
Ein- und Durch-schlafstörungen	Baldrian, Echter	174

BESCHWERDEN	HEILPFLANZE	SEITE
Hautprobleme	Königskerze, Großblütige	176
	Lavendel, Echter	134
	Ringelblume	120
	Schafgarbe	98
	Schlehe	82
	Stiefmütterchen, Wildes	180
	Wacholder	76
	Walnuss	74
	Wegwarte	126
Heiserkeit	Apfel	78
	Brombeere	88
	Königskerze, Großblütige	176
	Spitzwegerich	152
Herz-Kreislauf-Probleme	Paprika und Chili	46
Hexenschuss	Meerrettich	114
Hühneraugen	Hauswurz, Dach-	160
Husten	Anis	150
	Brombeere	88
	Fenchel, Gewürz-	128
	Gundermann	130
	Heidelbeere	94
	Kartoffel	64
	Meerrettich	114
	Rettich	62
	Schlüsselblume, Echte	154
	Spitzwegerich	152
	Thymian, Echter	168
	Wegwarte	126
	Ysop	132

BESCHWERDEN	HEILPFLANZE	SEITE
Immunschwäche	Hunds-Rose	86
	Schlehe	82
	Thymian, Echter	168
Infektanfälligkeit	Knoblauch	36
	Walnuss	74
Infekte	Brombeere	88
	Kapuzinerkresse	170
	Meerrettich	114
	Rosmarin	156
	Thymian, Echter	168
	Zwiebel	38
Insektenstiche	Aloe, Echte	102
	Hauswurz, Dach-	160
	Knoblauch	36
	Lavendel, Echter	134
	Melisse	140
	Spitzwegerich	152
Ischias	Kohl	42
	Wacholder	76
Kaliummangel	Aprikose	80
Kalte Füße	Wacholder	76
Katarrhe der oberen Luftwege	Schlüsselblume, Echte	154
Keuchhusten (unterstützend)	Himbeere	90
	Stiefmütterchen, Wildes	180
Knochenbrüche (Nachbehandlung)	Beinwell, Gewöhnlicher	162
Konzentrations-störungen	Rosmarin	156
	Salbei, Echter	158
	Tomate	58
	Walnuss	74
Kopfschmerzen	Aprikose	80
	Dill	108
	Lavendel, Echter	134
	Meerrettich	114
	Melisse	140
	Mutterkraut	164
	Pfefferminze	144
	Thymian, Echter	1689
	Ysop	1323
Krämpfe	Kamille, Römische	124
	Melisse	140
	Mutterkraut	164
	Pfefferminze	144
	Ringelblume	120
	Salbei, Echter	158

BESCHWERDEN	HEILPFLANZE	SEITE
Verbrennungen, leichte	Aloe, Echte	102
	Hauswurz, Dach-	160
	Ringelblume	120
Verdauung	Anis	150
	Apfel	78
	Artischocke	52
	Basilikum	146
	Dill	108
	Eisenkraut, Gewöhnliches	178
	Endivie, Chicorée, Radicchio	48
	Gartenbohne, Dicke Bohne	60
	Garten-Kerbel	112
	Knoblauch	36
	Kümmel, Echter	122
	Lavendel, Echter	134
	Löwenzahn	166
	Meerrettich	114
	Mutterkraut	164
	Petersilie	148
	Pfefferminze	144
	Rauke	56
	Rettich	62
	Ringelblume	120
	Rosmarin	156
	Salbei, Echter	158
	Thymian, Echter	168
	Wacholder	78
	Wegwarte	126
	Wermut, Echter	116
	Ysop	132
	Zitronenverbene	104
Verspannungen	Kartoffel	64
Verstauchungen	Beinwell, Gewöhnlicher	162
	Gänseblümchen	118
	Ringelblume	120
Verstopfung	Aloe, Echte	102
	Brombeere	88
	Heidelbeere	94
	Schwarzer Holunder	92
	Wegwarte	126
Vitamin- und Mineralstoffmangel	Brennnessel, Große	172
	Petersilie	148
Vitamin-A-Mangel	Gartenmöhre	54
Vitamin-C-Mangel	Spinat	66
Vitaminmangel	Endivie, Chicorée, Radicchio	48
	Paprika und Chili	46
	Rauke	56
	Tomate	58

BESCHWERDEN	HEILPFLANZE	SEITE
Warzen	Hauswurz, Dach-	160
Wasserblasen	Spitzwegerich	152
Wechseljahresbeschwerden	Baldrian, Echter	174
	Frauenmantel, Gewöhnlicher	100
	Kamille, Römische	124
	Mutterkraut	164
	Schwarze Johannisbeere	84
Windeldermatitis	Stiefmütterchen, Wildes	180
Wunden (äußerlich)	Kohl	42
Wunden, eitrige	Gundermann	130
Wunden, kleine	Meerrettich	114
Wunden, schlecht heilende	Beinwell, Gewöhnlicher	162
	Eisenkraut, Gewöhnliches	178
	Fenchel, Gewürz-	128
	Frauenmantel, Gewöhnlicher	100
	Heidelbeere	94
	Ringelblume	120
	Schafgarbe	98
	Spitzwegerich	152
	Wegwarte	126
	Zitronenverbene	104
Zahnfleischbluten	Berberitze, Gewöhnliche	70
	Brombeere	88
	Hunds-Rose	86
Zahnfleischentzündungen	Salbei, Echter	158

REGISTER

Fette Seitenzahlen verweisen auf Abbildungen.